AF253119

BIBLIOTHÈQUE
DES MERVEILLES

PUBLIÉE SOUS LA DIRECTION
DE M. ÉDOUARD CHARTON

LES FORÊTS

OUVRAGES DU MÊME AUTEUR PUBLIÉS PAR LA MÊME LIBRAIRIE

Les Colosses anciens et modernes; 2ᵉ édition. 1 volume avec 53 gravures d'après Lancelot, Goutzwiller, etc.. . . . . . . 2 fr. 25

Les Merveilles du monde polaire. 1 volume avec 38 gravures d'après Riou, Grandsire, etc.. . . . . 2 fr. 25

8612. — Imprimerie A. Lahure, rue de Fleurus, 9, à Paris.

BIBLIOTHÈQUE DES MERVEILLES

LES FORÊTS

PAR

E. LESBAZEILLES

OUVRAGE ILLUSTRÉ DE 45 VIGNETTES

PARIS

LIBRAIRIE HACHETTE ET Cie

79, BOULEVARD SAINT-GERMAIN, 79

1884

LES FORÊTS

CHAPITRE I

Influence des forêts sur l'atmosphère et sur la vie animale. — Leur rôle passé et présent dans la formation du sol cultivable. — Leur action sur les pluies, sur les cours d'eau, sur le climat.

Les végétaux, et particulièrement les forêts, qui sont de vastes agglomérations de végétaux géants, jouent un rôle capital dans l'économie de notre globe. La première, la plus importante des fonctions qu'ils y remplissent, c'est de travailler incessamment à la composition de l'air que respirent l'homme et tous les animaux. Nous leur devons la vie. Notre existence est indissolublement attachée à la leur.

Quand on pense qu'une plante verte, sous l'influence de la lumière, produit en un jour, par la décomposition de l'acide carbonique de l'atmosphère dont elle s'approprie le carbone, quinze fois son volume d'oxygène, qu'une seule feuille de nénuphar en exhale dans un été au moins trois cents litres, comment évaluer la quantité de ce gaz vital qu'élabore une grande forêt avec l'incalculable multitude de ses rameaux couverts de feuillage? Quels torrents, quel océan d'oxygène doit répandre dans l'espace l'ensemble des forêts de la terre !

Est-ce à dire que, si toutes les forêts, si toutes les plantes venaient à périr, il nous faudrait nous éteindre aussitôt avec elles? Nullement. L'atmosphère contient une si ample provision d'oxygène, que les hommes et les animaux pourraient encore respirer pendant des milliers et même des centaines de milliers d'années avant de l'épuiser. Au dire des savants, il faudrait qu'il se passât au moins deux mille ans pour que l'analyse chimique pût commencer à saisir un changement appréciable dans la composition de l'air. Néanmoins l'équilibre de l'atmosphère, que les végétaux ne cessent d'entretenir, serait rompu, la proportion de l'acide carbonique irait toujours en augmentant, celle de l'oxygène toujours en diminuant, et l'arrêt de mort, à terme fixe, du règne animal serait dès à présent prononcé.

Cette abondante provision d'oxygène dont notre atmosphère actuelle est heureusement pourvue, qui la lui a fournie? Ce sont les forêts d'autrefois, dont nous retrouvons les restes fossiles, sous forme de vastes et épaisses couches de houille, dans les profondeurs du sol, sur tous les points de la terre. Ces forêts étaient bien différentes de celles que nous voyons aujourd'hui. Elles se composaient de Fougères qui épanouissaient, comme des palmiers, leur bouquet de grandes feuilles au sommet d'une tige élancée, de Calamites semblables pour la forme aux prêles de nos jours, mais de taille gigantesque, de Lycopodes qui étaient des arbres, de Sigillaires hautes de 40 mètres. Ces plantes, sans cesse arrosées par des pluies diluviennes, baignées dans une atmosphère humide, saturée de vapeur, et qui éteignait dans ses brumes l'éclat du soleil pour n'en conserver que la chaleur[1], se gon-

1. De nos jours, les Fougères et les Lycopodes redoutent les rayons directs du soleil.

Vue idéale d'une forêt de l'époque houillère.

flaient de sucs, se gorgeaient de carbone; elles ne prenaient pas le temps de serrer et de durcir leurs tissus lâches et mous, elles n'étaient occupées qu'à croître, à se dilater en tous sens : elles constituaient, par leur développement individuel, et plus encore par leur nombre, d'immenses laboratoires travaillant à distiller de l'oxygène, qui fonctionnaient sans interruption, car l'année n'avait pas de saisons, et qui couvraient toute la surface de la terre, car il n'y avait alors ni zones tempérées, ni zones glaciales : la zone torride enveloppait tout le globe, y compris ses pôles.

Pour se faire une idée du prodigieux développement que la vie végétale avait pris dans le monde primitif, il faut se rappeler les houillères de Saarbruck, qui renferment jusqu'à 120 lits de charbon superposés, et qu'à Johnstone, en Écosse, au Creusot, en Bourgogne, on trouve des couches de houille épaisses de 10 et même de 16 mètres; il faut en même temps songer que les arbres qui couvrent aujourd'hui une surface donnée dans les régions forestières de notre zone tempérée formeraient à peine, en cent ans, un lit de carbone de 16 millimètres d'épaisseur.

Quand ces premières forêts eurent accompli leur œuvre, d'autres les remplacèrent et s'employèrent à la même tâche. Les populations végétales qui les composèrent furent d'abord principalement des Cycadées et des Conifères, les premières présentant l'aspect de Palmiers nains au tronc court, massif, renflé et comme ovoïde, surmonté d'un panache de frondes pennées, les seconds s'élevant au rang d'arbres de première grandeur, les uns rivalisant de taille et de port avec les Araucaria actuels, les autres égalant nos plus beaux Cyprès, avec des rameaux plus forts et plus vigoureux. Puis, apparut une flore sensiblement analogue à celle de l'Inde et en général des régions tropicales; le Palmier en était la forme dominante. Vinrent ensuite des Lauriers, des Camphriers et d'autres arbres qui depuis ont déserté les contrées septentrionales, devenues trop froides, pour se rapprocher de l'équateur; des essences à feuilles caduques avaient déjà réussi à s'introduire dans leurs rangs. Enfin, l'unique climat du globe ayant achevé de s'altérer, de se rompre en climats divers, et les zones tempérées et froides s'étant marquées sur notre planète, des Chênes, des Ormes, des Tilleuls, des Érables, peu différents des nôtres, s'établirent sur de vastes espaces, végétation intermittente, interrompue par les hivers, contribuant moins activement à la formation d'une atmosphère respirable, qui d'ailleurs était créée et n'avait plus besoin que d'être réparée et entretenue.

L'ordre d'apparition des animaux terrestres indique les transformations successives de l'air : ce sont d'abord de monstrueux reptiles, êtres ambigus, moitié lézards, moitié poissons, à sang froid, ne respirant qu'à demi, se traînant dans la vase des plages, et des ébauches d'oiseaux, à qui une aile rudimentaire, encore armée de griffes, ne permet que de raser d'un vol lourd et incertain la surface des lagunes et des marais; puis des mammifères, se dégageant de la cuirasse écailleuse des sauriens, débarrassant leurs pieds des entraves de la nageoire et gagnant les grandes plaines, parcourant les forêts, s'animant même jusqu'à grimper sur les arbres; ensuite des oiseaux, bien différents de leurs informes et grossiers ancêtres, en possession de l'aile véritable, de l'aile emplumée, se lançant avec confiance dans l'élément qui semble fait pour eux; enfin l'homme, venu le dernier, comme si, se sentant précieux et fragile, il avait voulu laisser ses prédécesseurs faire l'épreuve de la vie terrestre : aujourd'hui encore, après tant de générations, en entrant dans ce monde il pousse un cri d'effroi, mais la première gorgée d'air qu'il respire le rassure, l'apaise; il sent son cœur battre, son sang s'échauffer, il vit, il vivra.

Ainsi la nature animale s'est perfectionnée à mesure que, grâce aux végétaux, une plus grande quantité d'oxy-

Fougère gigantesque (Époque houillère).

gène a été mise à sa disposition. Aujourd'hui l'homme est le maître de la végétation : qu'il n'arrache jamais un arbre sans se rendre compte du préjudice qu'il porte à lui-même et à sa race, et qu'il n'en plante jamais un sans se réjouir de l'acte utile qu'il accomplit[1].

Les anciennes forêts n'ont pas seulement servi à composer l'air vital que nous respirons; elles ont encore formé le sol fertile dans lequel poussent et fructifient nos moissons. Avant elles, il n'y avait pas de terre végétale. La surface du globe était nue et stérile. Que s'est-il passé? Ce qui se passe aujourd'hui sur le rocher qu'un volcan soulève brusquement du fond de la mer, ou sur l'île plate de corail, formée par l'industrie sociale des lithophytes qui, depuis des siècles, ont entassé leurs demeures cellulaires sur le sommet de quelque montagne sous-marine. Dès que ces rochers, sortis des flots, ont subi le contact vivifiant de l'air, ils se couvrent çà et là de filaments déliés, puis de petites plaques rondes qui, à l'œil nu, paraissent de simples taches colorées; les unes sont blanches, les autres grises ou jaunâtres. Ces taches sont des plantes, des lichens, qui bientôt grandissent, se rapprochent, se rejoignent, forment un tapis continu, puis prennent une couleur plus foncée, meurent et déposent sur la surface de la roche une première couche, bien mince, de débris végétaux. C'est assez pour qu'il s'y développe des plantes d'une organisation moins indigente, d'abord des mousses, ensuite, sur un lit de terreau qui va s'épaississant, des fougères. A ces dernières succèdent des graminées, que remplacent des espèces plus grandes, plus complètes, d'une végétation plus riche, jusqu'à ce que des arbrisseaux trouvent un terrain assez profond et assez nutritif pour y enfoncer leurs racines et

---

1. Chacun sait que, par une loi admirable, les animaux, en retour de l'oxygène qu'ils ont absorbé, restituent à l'atmosphère de l'acide carbonique, au profit des végétaux, de sorte que chacune de ces deux classes d'êtres vivants assure l'existence de l'autre.

pour y prospérer. Un jour vient enfin où des graines d'arbres, apportées par le vent, par les oiseaux, trouvent sous le frais ombrage de ces arbustes et dans l'humus du sol les conditions vitales qui leur conviennent; elles germent, et, du milieu des humbles arbustes, s'élèvent des tiges élancées et vigoureuses, de grands arbres, qui se multiplieront par leurs semences et par leurs rejetons : l'île, autrefois nue et aride, leur appartient, et sa fertilité est assurée.

Tant que la forêt subsiste, — et l'homme seul est assez puissant pour mettre un terme à son inépuisable vitalité, — elle continue à enrichir le sol qui la porte. Nous voyons chaque année, dans nos bois, aux premiers froids de l'automne, les cimes des arbres perdre leur verdure et se dépouiller; les feuilles jaunies, à chaque souffle du vent, tombent en pluie serrée et couvrent d'un lit épais l'herbe et la mousse; mouillées par les pluies de l'hiver et du printemps, pénétrées par l'humidité perpétuelle d'une terre toujours ombragée, elles perdent peu à peu leur couleur dorée et leur rigidité, elles noircissent, se décomposent et forment une nouvelle couche d'humus, qui s'ajoute aux couches anciennes que de longues séries d'années ont accumulées. Aussi, quand on défriche une forêt pour mettre en culture le terrain qu'elle occupe, peut-on, plusieurs fois de suite, en tirer sans fumure de belles récoltes. Si l'on a un sol naturellement stérile ou épuisé, qu'on y plante un bois, qu'on y sème des essences qui s'accommodent des pires conditions et qui croissent rapidement, telles que certains résineux, et au bout de 20 ou 25 ans, après avoir recueilli le produit du bois, on pourra livrer de nouveau à la culture une terre redevenue féconde. Ce procédé, que la nature offre à l'homme au prix d'un peu de patience, a été employé avec succès dans plusieurs régions[1].

---

1. En Sologne, dit M. Clavé, les forêts font partie de l'assolement

Calamite (Époque houillère).

On a dit très justement : Pas d'eau, pas de plantes ; pas de plantes, pas d'animaux ; pas d'animaux, pas d'hommes. Or les forêts agissent sur l'intérieur des continents de la même manière que la mer sur les îles et sur les côtes : elles y sont une source d'humidité.

Quand on voyage, ou seulement qu'on se promène à pied dans la campagne, on est averti qu'on approche d'une région boisée, avant d'avoir aperçu les bois mêmes, par la fraîcheur humide et pénétrante de l'air qu'on respire. C'est que, de ces vastes et profondes masses de feuillage, il se dégage sans cesse une abondante vapeur d'eau qui se répand aux alentours en rosées vivifiantes. Les champs, les prés, les buissons, les haies, les gazons des jardins se font remarquer par l'éclat de leur verdure, tandis que la végétation des cantons dénudés languit sous l'ardeur desséchante du soleil. Si les vapeurs dissoutes dans l'atmosphère étaient apparentes, on verrait les forêts perpétuellement enveloppées d'un manteau de brume.

En outre, on a observé, et de nombreuses expériences ont prouvé que les pluies, principal élément de la fertilité d'un pays, sont plus fréquentes dans les cantons riches en bois que dans ceux qui en sont dépourvus. Si l'on place un pluviomètre au-dessus d'un massif au milieu d'une forêt, et un autre, à la même hauteur, en plaine, à deux ou trois cents mètres de distance, on recueillera une quantité d'eau notablement plus grande dans le premier que dans le second ; cette proportion augmentera à mesure que le second instrument sera placé plus loin, là où l'action de la forêt se fera de moins en moins sentir.

de certains domaines ruraux. Le pin — maritime et sylvestre — fournit au sol des détritus qui permettent d'y cultiver ensuite sans fumure, pendant un certain nombre d'années, du seigle et du sarrasin. Lorsque la terre est épuisée par cette série de cultures, de nouveaux semis de pins lui rendent sa fertilité, et font place de nouveau, après 25 ans, au sarrasin et au seigle.

Cette influence des bois sur la pluie s'explique : les grands arbres sont des machines hydrauliques d'une puissance extraordinaire; ils pompent par leurs racines et charrient dans leurs vaisseaux une énorme masse d'eau (la moitié de leur poids total en 24 heures, selon Hales); comme une portion assez minime de cette eau est employée à la nutrition du végétal, il faut que tout le reste soit rejeté dans l'atmosphère par les feuilles. Chaque feuille est en effet le siège d'une active évaporation : que l'on essaye de se figurer quel prodigieux appareil évaporant doit être l'ensemble du feuillage de toute une forêt! On sait que ce phénomène ne peut se produire sans un effet réfrigérant, qui se communique nécessairement aux couches atmosphériques avoisinantes : comment la vapeur d'eau qui s'y répand ne se condenserait-elle pas en nuages, pour finir par se précipiter en pluie?

Supposons — ce qui ne peut être — qu'il n'y ait absolument aucun souffle de vent pour déplacer ces nuages, on devrait les voir stationner et obscurcir le ciel au-dessus de la forêt, tandis que les parties ouvertes et plus chaudes de la surface du sol, d'où s'élèvent des colonnes d'air sec et chaud qui dissolvent les vésicules du brouillard, correspondraient aux espaces célestes restés bleus et sereins. On aurait ainsi, peinte sur le ciel, la carte forestière d'une contrée. Ajoutons qu'avec un calme parfait de l'atmosphère, les pluies seraient encore plus fréquentes qu'elles ne le sont sur les forêts[1].

A l'explication qui précède, un éminent physicien a proposé d'en joindre une seconde : représentons-nous un courant d'air tenant en suspension de la vapeur d'eau, et cheminant dans les parties basses de l'atmosphère; tout à coup il rencontre une forêt, il s'y heurte, se soulève, augmente de hauteur : il y aura donc dilatation subite, refroidissement et, par suite, chute de pluie. La forêt

---

1. Voir Grisebach, la *Végétation du globe*.

agit ici simplement comme obstacle, à la façon d'une montagne.

Quoi qu'il en soit de la vérité de ces théories, on ne peut se refuser à voir des preuves certaines de l'étroite corrélation des forêts et des pluies dans les faits suivants : M. Blanqui, dans son Voyage en Bulgarie, raconte que, lors de son passage à Malte, en 1841, il n'était pas tombé une goutte d'eau dans l'île depuis trois ans; il s'informa, et il apprit que les pluies y étaient devenues extrêmement rares depuis qu'on avait abattu les arbres pour étendre la culture du coton. Lorsque Napoléon fut conduit à Sainte-Hélène, les Anglais crurent devoir s'emparer de l'île de l'Ascension, qui n'était qu'un rocher nu, couvert de quelques cryptogames, et ils y établirent une compagnie de cent hommes. Au bout de dix ans, la petite garnison, en persévérant à faire des plantations, avait réussi à transformer cet îlot stérile : il y avait des sources, des pluies, des cultures. A Sainte-Hélène même, où la surface boisée a considérablement augmenté depuis plusieurs années, on a remarqué que la quantité d'eau pluviale s'est accrue; elle est aujourd'hui le double de ce qu'elle était pendant le séjour de Napoléon. Les îles du Cap-Vert étaient fertiles autrefois; elles sont maintenant désolées par d'affreuses sécheresses, qui datent du déboisement de ces îles. Enfin, il y a un petit nombre d'années, il ne pleuvait jamais dans la Basse-Égypte. Les vents du nord qui y soufflent presque constamment passaient sur cette terre privée de végétation sans l'arroser. A Alexandrie, on conservait les grains sur les toits; on n'avait pas besoin de les préserver des intempéries. Il n'en est plus de même aujourd'hui; depuis que des plantations y ont été faites, le courant d'air septentrional s'y attarde, forme des nuages, répand des pluies.

Il ne suffit pas qu'il tombe de l'eau sur la terre pour que celle-ci soit convenablement arrosée; il faut que cette eau ne soit pas gaspillée; il faut qu'elle soit distribuée avantageusement, ménagée avec économie : or cette bonne administration des eaux, c'est encore un des offices dont s'acquittent les forêts.

Qu'arrive-t-il quand une forte pluie tombe sur un bois? Il faut qu'elle mouille d'abord toute la voûte de feuillage; elle la traverse progressivement, elle descend d'étage en étage et n'arrive au sol que divisée et en quelque sorte goutte à goutte. Là elle pénètre doucement dans un épais tapis de mousse et de feuilles mortes, qui l'absorbe peu à peu comme une éponge, puis elle s'enfonce dans une profonde couche d'humus et enfin dans un sol drainé en tous sens par une multitude de racines. Une partie de cette eau est bue par les arbres; l'autre partie, de beaucoup la plus grande, continuant à s'infiltrer dans la terre, y rencontre un fond imperméable, coule sur ce fond, en suit les pentes, les ondulations, et finit par s'épancher au dehors en filets plus ou moins abondants, qui sont des sources. Celles-ci, réunissant leurs eaux, forment des ruisseaux, qui, ne tarissant jamais, vont alimenter perpétuellement des rivières également intarissables.

Il ne s'est pas perdu la moindre parcelle d'eau, car le soleil et le vent n'ayant point entrée sous le couvert du bois, il ne peut s'y produire d'évaporation. Une forêt est donc véritablement un vaste réservoir, toujours plein, dont les sources sont les orifices de sortie, et qui pourvoit à l'alimentation constante et régulière des cours d'eau[1].

Sur les terrains découverts, la pluie se comporte tout autrement. Sans doute elle commence par pénétrer dans le sol, elle l'humecte jusqu'à une certaine profondeur (très petite, ne dépassant pas, dit-on, six fois la hauteur de la couche d'eau tombée), mais bientôt elle le

1. J. Clavé, *Du reboisement et du régime des eaux en France. Revue des Deux Mondes*, 1er février 1859.

tasse, elle le pétrit, en obstrue les pores et le rend imperméable. Dès lors elle demeure à la surface et le soleil n'a pas plus tôt reparu qu'elle s'évapore et laisse la terre aussi sèche et plus dure qu'auparavant. Ou bien, si le lieu est accidenté, présente des pentes et des dépressions, les eaux pluviales s'écoulent aussitôt, forment des ruisseaux subits, des rivières improvisées, débordent même et inondent les campagnes environnantes, pour tarir ensuite et ne laisser qu'un lit aride de sable et de cailloux. Nous verrons plus tard que dans les montagnes dont les flancs ont été déboisés, les pluies, au lieu d'être un bienfait, sont devenues le plus redoutable des fléaux.

Enfin il n'est pas douteux que les forêts exercent aussi une notable influence sur le climat d'un pays, relativement à la direction comme à la force des vents et, par suite, à la température. Assurément ces massifs d'arbres qui nous semblent si imposants et qui nous dominent de si haut lorsque nous levons les yeux vers leur faîte, mais qui ne nous paraissent plus qu'un tapis de verdure, une prairie de graminées, quand nous les regardons du sommet d'une colline, ne peuvent rien contre les courants atmosphériques, qui, des hauteurs et des profondeurs de l'espace, poussés par des causes mystérieuses et irrésistibles, apportent avec eux la chaleur ou le froid. Ces grands mouvements de l'océan aérien au fond duquel sont comme ensevelies les flores et les faunes, ne se laissent pas arrêter par de si infimes obstacles. Toutefois la présence d'un bois peut modifier favorablement les conditions climatériques, sinon d'une vaste contrée, du moins des territoires limitrophes. Le vent, auquel il s'oppose, y brise ou bien y use son élan. Ce rempart de feuillage agit à la façon d'un mur d'espalier qui fait un été plus chaud et un hiver moins froid aux plantes qu'il abrite. Un mince rideau d'arbres met souvent plusieurs degrés de latitude entre les deux parties du terrain qu'il sépare.

On a mis à profit ce pouvoir protecteur des arbres. Naguère l'observateur placé sur le clocher de la cathédrale d'Anvers n'apercevait sur la rive opposée de l'Escaut qu'une immense plaine désolée, où croissaient çà et là quelques touffes d'herbes grossières, quelques buissons tordus et desséchés par le vent de mer; il croit y voir aujourd'hui une forêt dont les limites se confondent avec celles de l'horizon. Qu'il pénètre sous ces ombrages : l'apparente forêt est un ensemble de lignes d'arbres régulièrement espacées. Ces plantations ont corrigé le régime atmosphérique qui frappait de stérilité le sol qu'elles occupent; quand la tempête en secoue violemment les cimes, l'air demeure calme un peu plus bas, et des sables improductifs se sont transformés en champs fertiles[1]. En Provence, des rangées de Cyprès protègent les terres cultivées contre le souffle violent du mistral. Les prairies normandes sont presque toujours entourées de talus surmontés de grands arbres; c'est grâce à ces abris que les nombreux pommiers plantés dans ces prairies fleurissent et fructifient plus abondamment qu'ailleurs.

Ainsi les forêts disposent en quelque mesure des qualités vitales de l'air, de l'arrosement et de la fécondité des terres, de la clémence des climats. L'homme à son tour dispose des forêts; il peut à son gré les conserver ou les détruire, les multiplier, les faire naître là où il veut. Par elles, il est donc le maître de perfectionner ou de détériorer la planète qu'il habite. Jusqu'ici il ignorait sa puissance, il agissait en aveugle, au hasard. Aujourd'hui il comprend ce qu'il fait, il sait ce qu'il peut : mettra-t-il sa volonté au niveau de son intelligence? Sera-t-il dans l'univers un agent utile, un créateur bienfaisant, ou bien un destructeur coupable? Il s'agit, dans le parti qu'il prendra, de la conservation et de l'honneur de sa race.

1. J.-J. Baude, *Cherbourg et les ports anglais. Revue des Deux Mondes*, 15 janvier 1859.

CHAPITRE II

Distribution des forêts sur le globe. — Les différentes zones forestières. — Action dévastatrice de l'homme sur les forêts.

La répartition des forêts sur la terre est déterminée par le climat, surtout par les deux principaux éléments du climat, la chaleur et l'humidité. La nature du sol n'a qu'une importance secondaire ; il y a des arbres pour tous les terrains, même pour les plus ingrats : les uns s'accommodent d'un sable pur, d'autres d'une argile compacte, d'autres des flancs rocheux et escarpés des montagnes, d'autres des fonds marécageux. Mais aucun arbre ne peut se passer d'humidité ni de chaleur : il faut à ce grand végétal la chaleur d'un été d'au moins trois mois pour développer son riche feuillage, pour fleurir et fructifier, pour pousser les bourgeons destinés à s'épanouir l'année suivante, pour ajouter une nouvelle couche ligneuse à l'épaisseur de son tronc, chargé de supporter l'énorme fardeau d'une cime toujours croissante. Et il lui faut de l'eau, beaucoup d'eau, pour charrier sans cesse les substances nutritives depuis les racines jusque dans les feuilles où la sève s'élabore; lorsque, faute de pluie, le sol se dessèche, l'alimentation de l'arbre s'arrête et, par suite, sa croissance.

Il en résulte que dans la zone arctique, où le froid règne presque toute l'année, où les rayons obliques du soleil ne parviennent à dégeler que la superficie du sol, dont les profondeurs restent glacées, les conditions de la vie de l'arbre font défaut, et il n'y a pas de forêts. Si quelques bouleaux, quelques saules se hasardent dans cette région désolée, ils ne se développent pas ; ils rampent, ils se traînent, se tordent ; à peine dépassent-ils l'humble taille des mousses et des lichens qui les entourent.

Cette zone, vouée aux frimas et à la stérilité, est limitée par une ligne onduleuse qui ne fait qu'effleurer le sommet de la Scandinavie entre le 70ᵉ et le 71ᵉ degré de latitude, mais coupe, au niveau du 68ᵉ degré, tout le littoral de la Sibérie ainsi que celui de l'Amérique septentrionale, pour descendre dans le Labrador jusqu'au 58ᵉ degré. Au-dessous de cette ligne, les forêts paraissent, et elles s'étendent sur toute la terre jusqu'aux extrémités des continents qui s'avancent vers le pôle antarctique, sans trop s'approcher de cet autre empire du froid et de la mort. Toutefois elles sont interrompues çà et là tantôt par de vastes plaines herbeuses telles que les steppes de la Russie, les savanes des États-Unis, les pampas de la Confédération Argentine, les prairies de l'intérieur de l'Australie, qui du moins verdissent et fleurissent un moment, tantôt par d'arides déserts, calcinés par le soleil, desséchés et écorchés par les vents, sevrés de pluies, tels que l'immense Sahara africain, les sables et les rochers de l'Arabie, les interminables plateaux sablonneux de la Perse et de la Mongolie chinoise, sortes de taches lépreuses sur la face de notre terre.

Les forêts forment autour du globe des ceintures qui augmentent de richesse et de variété à mesure qu'elles s'éloignent des pôles et se rapprochent de l'équateur. Dans les froides régions du nord, en Scandinavie, en Russie, en Sibérie, dans l'Amérique anglaise, les Pins sylvestres, les Sapins, les Épicéas, les Mélèzes, serrés en massifs uniformes et sévères, dressent fièrement dans un ciel pâle leurs cimes pyramidales et leurs flèches aiguës ;

Limite de bois dans l'extrême nord.

entre leurs colonnades règne un vide solennel ; le sol, tapissé d'aiguilles sèches, reste nu ; sur d'autres points, les Bouleaux au feuillage menu et léger, aux rameaux souples et retombants, semblent garder en été, sur leurs troncs d'une éclatante blancheur, la robe de neige dont les ont revêtus les longs hivers.

Les Chênes, les Hêtres, les Frênes, les Charmes, les Tilleuls, les Châtaigniers, les Érables unissent et mélangent leurs formes diverses, leurs feuillages différemment découpés et nuancés, pour décorer les régions tempérées. Ils vivent rapprochés, mais non confondus ; chacun d'eux défend sa place, garde son individualité. Ils ne se touchent que par leurs cimes arrondies qui, vues de loin ou de haut, forment comme une mer de verdure aux vagues gonflées. Entre leurs troncs puissants, sous la voûte de leurs nobles ramures, ils laissent végéter librement tout un monde de charmants arbrisseaux, Noisetiers, Troènes, Fusains, Aubépines, Poiriers sauvages, Églantiers, Chèvrefeuilles, Lierres et Houblons grimpants, et sur le sol un tapis serré de plantes basses, de gazon et de mousse. Ces trois étages de végétation ne cherchent pas à empiéter l'un sur l'autre ; loin de se nuire, ils s'entr'aident mutuellement.

Les forêts des contrées chaudes qui s'étendent entre les deux tropiques de chaque côté de l'équateur, ont un tout autre aspect. Favorisées par l'intensité et la continuité de la chaleur ainsi que par des pluies abondantes, elles se développent avec une vigueur prodigieuse. Ce n'est plus, comme dans nos bois, une demi-douzaine d'essences se distribuant entre elles le terrain avec une ordonnance et une sorte de régularité qui semble l'effet d'une équitable convention, du sentiment d'une sage harmonie ; c'est une multitude d'espèces différentes rivalisant d'exubérance, se disputant le sol et l'espace. Non seulement les tiges épaisses, gonflées de sucs, des Palmiers et des Bananiers, leurs feuilles gigantesques s'épanouissant en parasols, en éventails, en panaches, se pressent, se mêlent, se surmontent, mais d'innombrables lianes, s'enroulant autour d'elles, les poursuivant dans toutes les profondeurs, à toutes les hauteurs, les étreignent dans leurs nœuds redoublés et les lient les unes aux autres, tandis qu'une foule de plantes parasites, se greffant sur toutes les surfaces végétales restées libres, achèvent de remplir les moindres intervalles. Le tout forme un véritable chaos de végétation, une masse compacte, impénétrable, d'une éternelle verdure. Telle est la splendide parure d'une grande partie de l'Amérique équatoriale, de l'Inde, de l'Indo-Chine, du grand Archipel malais.

Au sud de l'équateur, les régions forestières se succèdent dans un ordre inverse, s'appauvrissant à mesure qu'elles se rapprochent du pôle, sans toutefois descendre à l'indigence de l'extrême nord, puisque les terres de cet hémisphère, sauf quelques îles, se tiennent prudemment à une grande distance du cercle polaire antarctique.

Il ne faut pas croire que ces différentes zones forestières suivent exactement les degrés de latitude, ni qu'elles soient séparées par des lignes de démarcation nettement tracées. Elles s'élargissent ou se rétrécissent, elles s'élèvent ou s'abaissent sur tels points de leur pourtour, selon la configuration du sol, la direction des vents, la présence ou l'absence des cours d'eau, circonstances qui modifient les conditions climatériques, et elles se pénètrent réciproquement, elles se fondent les unes dans les autres sur leurs confins.

Les montagnes, qui portent sur leurs flancs plusieurs climats échelonnés, troublent ou plutôt varient, dans la contrée où elles s'élèvent, l'uniformité de la population végétale. Elles introduisent dans la zone tempérée la zone froide, et dans la zone tropicale les deux autres. Voici, par exemple, le mont Canigou, de la chaîne des Pyrénées : à sa base, les Oliviers et même les Orangers mûrissent leurs fruits ; plus haut, on voit s'étaler les larges cimes

des Châtaigniers; au-dessus apparaissent des massifs de
Hêtres, que surmontent des Pins, des Sapins, des Bouleaux; enfin au sommet, ce ne sont plus que des Genévriers rabougris, dispersés, et des tapis de gazon qui res-
teront ensevelis pendant neuf mois sous la neige. Dans
les Andes équatoriales, les contrastes sont encore plus
frappants. Au pied de ces montagnes, les Palmiers déploient leurs vastes feuilles au-dessus de l'inextricable
réseau des lianes et des orchidées; entre 2000 et 5000
mètres de hauteur, les Myrtes, les Lauriers nous rappellent l'Italie et la Grèce; franchissons 1000 mètres encore, et nous sommes en présence des arbres de l'Europe,
d'abord des essences à feuilles caduques, puis des conifères; l'ascension d'un nouveau kilomètre nous transporte
au milieu des humbles plantes du Groënland et du
Spitzberg, qui expirent dans les neiges éternelles. Sous
les tropiques, chaque montagne présente un résumé de
toute la flore du globe.

Nous avons dit que le sol n'a que peu d'influence sur
l'existence des forêts, parce qu'il n'y a pas de terrain, si
pauvre soit-il, qui ne convienne à quelque espèce d'arbre;
mais parmi les essences appartenant à une même région,
tel sol admettra les unes et exclura les autres. Les
sables arides et peu profonds de la Sologne acceptent
le Pin ou le Bouleau et refusent le Frêne ou le Hêtre.
En outre, une terre se lasse de porter toujours les
mêmes arbres, elle s'épuise à leur fournir les éléments,
toujours les mêmes, qu'ils tirent incessamment de son
sein, et elle tend à les éliminer pour en accueillir
d'autres. Une ancienne forêt, détruite par un incendie,
repousse, mais différente; elle se repeuple d'espèces
nouvelles. Tous les bois, livrés à eux-mêmes, se transforment peu à peu spontanément, pour redevenir, après
une série de siècles, ce qu'ils étaient autrefois, et recommencer le même cercle de métamorphoses. La forêt de
Gérardmer, dans laquelle chassait Charlemagne et qui

était alors composée de Chênes, est aujourd'hui une futaie de Sapins et d'Épicéas. Les Hêtres, qui formaient, il y a un siècle et demi, celle de Haguenau, ont été remplacés par des Pins. De nombreux villages qui, en France, s'appellent encore Chesnaie, Charmettes, Tremblaie, Boulaie, n'ont plus droit à ces dénominations, les arbres des bois voisins, auxquels ils les devaient évidemment, ayant disparu et cédé la place à d'autres essences. Ainsi la nature a établi d'elle-même dans ses forêts la rotation que les cultivateurs, éclairés par l'expérience, ont adoptée dans leurs cultures.

Mais le sol et le climat ne disposent pas seuls des forêts ; un autre agent est intervenu, l'homme, dont l'action, quelquefois réfléchie et utile, est le plus souvent aveugle et funeste. Quand l'homme arrache une forêt pour y substituer, sur un sol fécond, les plantes précieuses qui le nourrissent, lui et ses troupeaux, il fait un usage légitime et louable de son pouvoir sur la nature ; il est encore dans son droit et dans son rôle, lorsqu'il tire de la forêt, dans une juste mesure, le bois que réclament son bien-être, ses travaux, ses arts. Mais si, au lieu d'exploiter, il saccage, s'il dévaste sans raison ni profit, ou si, dans sa hâte de jouir, il gaspille, sacrifiant tout l'avenir à l'heure présente, alors il fait une œuvre mauvaise, et se conduit comme un être insensé et malfaisant. Or cette œuvre folle, l'homme l'a commise, il la commet tous les jours, et l'imprévoyance des nations civilisées n'y a pas une moindre part que l'incurie des peuples sauvages.

Il n'est pas sur la terre de domaine forestier qui n'ait été ainsi plus ou moins endommagé. Plusieurs ont même été complètement détruits et ont disparu à jamais. Dans l'Amérique du Nord, au Canada, c'est toute une armée de bûcherons — environ 30 000 hommes — qui chaque année se met en campagne, se répand dans les magnifiques forêts de conifères, principale richesse de ces con-

trées, coupant, abattant sans relâche, dénudant non seulement les plaines et les vallées, mais aussi les collines
et les montagnes, sans souci de ce que deviendront, après
ce déboisement à outrance, les sources, les ruisseaux qui
alimentent les rivières et les lacs. Et tandis que la cognée
frappe les arbres un à un, trop souvent un incendie,
allumé par un foyer imprudemment abandonné avant
d'être éteint, dévore d'un seul coup des pans entiers de
forêt.

La Sibérie possède d'immenses massifs de Pins et de Mélèzes, qui de la rive droite de la Léna s'étendent jusqu'aux
monts du Baïkal. Mais des chasseurs et des marchands
les ont parcourus, les uns à la poursuite des animaux à
fourrures, les autres pour aller dans le nord à la
recherche des dents de mammouth, et dans leurs stations,
ils ont mis le feu au bois, soit pour se chauffer, soit
seulement pour faire de la fumée afin d'éloigner les moustiques qui les incommodaient, de sorte que, l'incendie
s'étant propagé, on voit dans ces forêts de vastes et sinistres clairières, encombrées de débris carbonisés, au-
dessus desquels se dressent çà et là de grands troncs noir-
cis, couronnés d'une cime desséchée et d'un rouge de feu,
comme si elle flambait encore. Ces parties brûlées ont quelquefois 50, 100 kilomètres de longueur.

Si le Japon, où d'anciennes lois, que tous les peuples
devraient envier, défendent d'abattre un arbre sans le
remplacer aussitôt par un autre, a conservé une riche
végétation forestière, la Chine, défrichée à outrance, est
une des régions les plus déboisées et les plus enlaidies du
monde. Dans l'Hindoustan, en Birmanie, les tribus sauvages et aussi les paysans ne voient dans les bois qu'une
fumure pour la terre; ils les arrachent, les laissent sé-
cher, y mettent le feu et sur leurs cendres ils sèment,
au moment des pluies, du riz ou du millet; après deux
ou trois récoltes, ils vont plus loin féconder d'autres
champs, c'est-à-dire incendier d'autres forêts. Qu'on ne

se fasse donc pas une idée exagérée de la beauté des forêts
de l'Inde. Trop de générations y ont passé, y ont vécu
avec leurs troupeaux. Des villages et des ruines de villages s'y rencontrent à de courtes distances. Cette vieille
terre, trop foulée, trop exploitée, paraît usée et comme
flétrie. C'est seulement dans les vallées reculées, ou sur
les montagnes, que la végétation a pu profiter des faveurs
d'un climat généreux et déployer librement sa magnificence.

L'Asie Mineure, jadis boisée, est maintenant dénudée
et stérile, sauf sur les bords de la mer, où les arbres ne
forment guère que des jardins et des vergers. Aussi ses
rivières, mal alimentées, sont-elles tantôt à sec, tantôt
violentes et torrentueuses ; ou bien, n'ayant pas la force
de se creuser un lit, elles se traînent languissamment sur
le sol, cessent de couler et s'étalent en de vastes marécages
saumâtres et insalubres. Quelques belles forêts de cèdres
ont échappé à la destruction, parce qu'elles se sont blotties
dans des retraites inconnues à 1500 et 1700 mètres de hauteur, sur les flancs escarpés de l'Anti-Taurus.

La Grèce n'a pas été épargnée. « Les hommes l'ont rui-
née, dit un géographe[1]. Les forêts, que chantaient les
poètes, ont été dévastées par le plus grand des malfaiteurs,
par l'homme ; et la dent des troupeaux en empêche la restauration. Les sources ont séché, les rivières, devenues
torrents, n'ont d'eau que pour décharner la montagne, et
entraîner vers la mer les alluvions de la plaine. Plus de
campagnes riantes. A la place d'une nature où la grâce
et la fraîcheur s'alliaient à la beauté des profils, à l'éclat
du ciel, à la grandeur des horizons, il ne reste dans les
cantons les plus fameux jadis que des monts sans bois,
sans prairies, sans fontaines, des roches étranges et arides,
des gorges où le soleil brûle, des vallées tantôt sèches,

---

1. M. Onésime Reclus. Voir la *Terre à vol d'oiseau*. Librairie Hachette.

Un défrichement chez les sauvages de l'Inde.

tantôt noyées et malsaines. » De l'antique Hellénie, le voyageur ne retrouve plus rien, excepté « ce que l'homme ne peut ni dominer, ni ruiner, ni flétrir, le soleil chaud, le ciel clair, la mer bleue, les lignes pures ».

Ce sont les Apennins, particulièrement les Apennins méridionaux, des Abruzzes et des Calabres, qui conservent encore à l'Italie, sur leurs escarpements et dans leurs gorges sauvages, quelques beaux massifs forestiers. Toute l'Espagne centrale est la proie des moutons; elle ne présente que de tristes plaines jaunes, nues, crevassées çà et là de ravins sans eau, rongées par d'immenses troupeaux qui, régulièrement deux fois par an, extirpent l'herbe et tondent les jeunes bois qui voudraient repousser. Ce morne paysage a tout autour pour cadre des sierras pelées.

Malte, la Sicile, ainsi que les îles de l'Archipel, ne sont plus que des rochers stériles. En Corse, l'incendie[1], la cognée, la dent brutale des chèvres, au nombre de près de 200 000, et d'autant de moutons, ont détruit la plus grande partie des forêts. Des maquis, impénétrables fourrés de Genévriers, de Myrtes, de Lentisques, de Romarins et de Ronces, ou d'horribles déserts pierreux, les ont remplacées. Le Pin laricio en était la gloire. Il y avait naguère de ces pins ayant 50 mètres de hauteur, 8 ou 9 mètres de circonférence, et âgés de 1500 et même de 1800 ans. Un savant voyageur disait en 1873 qu'il avait vu bien des forêts célèbres, celles du Liban, celles de Java et de Bornéo, mais qu'il n'en avait jamais vu d'auss belles que la forêt de Bavella, dans le sud de la Corse. « Qu'on se hâte d'aller l'admirer, ajoutait-il, car la hache y est entrée, et Bavella disparaît! »

Les Arabes du Tell algérien ont déclaré la guerre, une impitoyable guerre d'extermination, aux 1 800 000 hec-

---

1. Un voyageur a dit qu'un observateur qui passerait en ballon au-dessus de la Corse apercevrait en tout temps quelque point de l'île en feu.

tares de bois qui couvrent la partie montagneuse de cette contrée. Il n'est pas d'année où, soit par malveillance, pour se venger, soit par intérêt, afin de procurer des pâturages à leurs troupeaux, ils ne mettent le feu à de précieuses futaies de Chênes-Liège ou à de superbes massifs de Cèdres. Ils organisent ces incendies avec méthode, avec art. Ils choisissent un jour où souffle avec violence le desséchant sirocco; des bûchers de broussailles et de branches sèches sont disposés d'avance de place en place pour activer la combustion, et des escouades d'incendiaires se tiennent à leur poste, prêts à alimenter, à diriger la flamme et au besoin à la défendre contre ceux qui voudraient tenter de l'éteindre. C'est ainsi qu'en douze ans, de 1862 à 1874, 250 000 hectares de bois ont été brûlés. En 1881, de nombreux incendies, allumés simultanément, détruisirent de vastes massifs de Chênes-Liège sur la côte orientale. Des paquebots virent de la pleine mer tout le littoral s'illuminer d'un cordon de feu ininterrompu sur une longueur de 500 kilomètres, depuis Dellys jusqu'à Bizerte. Le feu dura six jours; de précieuses richesses forestières, d'une valeur de 9 millions, furent anéanties.

Si le nord de l'Europe demeure abondamment pourvu de forêts, au point que les régions boisées de la Scandinavie et de la Russie septentrionale[1] forment presque les deux tiers de l'étendue de ces contrées, si l'Allemagne peut être fière de ses futaies, qui occupent encore presque le quart de son territoire et qu'elle traite avec un soin savant, si le Tyrol, la Carinthie, la Styrie, la Transylvanie gardent à l'Autriche, sur les pentes de leurs Alpes sauvages, de nombreux massifs restés intacts, la Russie méridionale s'est dépouillée presque complètement de

---

1. Il n'y a pas un siècle, la Russie était encore toute couverte de forêts. Un voyageur a dit qu'un écureuil, sautant d'un arbre à l'autre, aurait pu aller de Moscou en Finlande sans toucher une seule fois la terre.

Une incendie dans une forêt d'arbres résineux.

ses bois et le Volga voit tristement décroître d'année en année le volume de ses eaux. L'Angleterre n'a plus que des champs et des prés; elle aime passionnément les beaux arbres et elle plante des avenues et des parcs, mais elle doit aller chercher au loin, sur ses navires construits avec des bois étrangers, la matière ligneuse qu'elle consomme. La France a réduit peu à peu ses cantons boisés au sixième de sa surface, et la plupart de ses forêts, chétifs taillis entrecoupés de clairières, **sont** indignes de ce nom; elle a à se reprocher sa Sologne, sa Dombes, sa Brenne, ses Landes, tristes déserts qu'elle a créés elle-même, ainsi que ses Pyrénées et ses Alpes, dénudées par les hommes et par les troupeaux, et qui se vengent par la fureur de leurs torrents.

Il est juste d'ajouter que parfois l'homme, effrayé de son œuvre, pris de repentir, s'est efforcé de réparer les malheureux effets de son insouciance ou de son avidité. Nous verrons que, chez les nations vraiment civilisées, l'État a fait enfin intervenir la science dans l'exploitation des forêts dont il dispose, et que, sur plus d'un point, on a entrepris de restituer aux montagnes, aux terres stériles, la seule végétation qui leur convienne et qui puisse les régénérer. Mais quels sacrifices de temps, de travail, d'argent ne nous faudra-t-il pas faire pour obtenir, imparfaitement peut-être, ce que la nature nous avait si libéralement et gratuitement accordé!

CHAPITRE III

L'aspect de la France actuelle ne peut donner aucune
idée de celui qu'elle présentait à l'époque où elle s'appelait la Gaule et où les Romains l'envahirent. Elle est
aujourd'hui une grande plaine cultivée, parsemée çà et
là de bouquets de bois; elle était alors une grande forêt
entrecoupée de clairières. Elle ressemblait à ce qu'était
il y a un siècle l'Amérique du nord, où les défrichements
se perdaient dans les profondeurs des futaies.

Le sombre feuillage des Pins et des Sapins tapissait
les Pyrénées, les Alpes, les Cévennes. Si plusieurs régions
méridionales, la Provence, occupée depuis longtemps par
des colonies phocéennes, une partie de la Narbonnaise et
de l'Aquitaine, étaient moins boisées, si, dans le centre
de la Gaule, des champs de blé, de seigle, de lin, des
mines importantes, des cités avaient pris possession du
sol, de longues bandes de forêts coupaient en tous sens
le pays séparaient les territoires des divers peuples Cel-
tiques. Au delà de la Loire, la végétation arborescente
devenait encore plus prédominante; les forêts d'Orléans,
de Montargis, de Fontainebleau, de Rambouillet, de

Meudon, de Marly, de Saint-Germain-en-Laye sont les restes épars d'un immense massif qui s'étendait jusqu'à la Seine. A l'ouest, le Maine, l'Anjou, la Bretagne, la Normandie étaient traversés par de grandes zones forestières ; les arbres débordaient jusque dans la mer ; les vastes plages sablonneuses qui entourent le mont Saint-Michel étaient une forêt ; on retrouve de vieilles souches ensevelies dans le sol. Aux rives de la Seine commençait la Gaule-Belgique, qui n'était qu'une suite presque ininterrompue de hautes et profondes futaies : au nord et au nord-est de Lutèce, les forêts de l'Isle-Adam, de Chantilly, de Villers-Cotterets, de Compiègne, de Coucy se rejoignaient, ne formaient qu'un seul massif, se prolongeant jusqu'à l'Amiénois ; la Somme charriait des troncs déracinés que, dans ses débordements, elle arrachait à ses rives. Enfin, plus haut, régnait la forêt des Ardennes, la plus grande, la plus sauvage de toute la Gaule ; elle se déployait sur une longueur de cent lieues depuis le pays des Nerviens, c'est-à-dire le Hainaut, jusqu'aux Vosges, jusqu'au Rhin ; ce fleuve la séparait de la forêt Hercynienne, sous laquelle disparaissait la Germanie tout entière, et dont César disait qu'après y avoir marché soixante jours, on n'en trouvait nulle part les limites.

Les arbres qui composaient ces forêts étaient les mêmes que nous rencontrons aujourd'hui dans nos bois, Hêtres, Chênes, Érables, Bouleaux, Ormes, Frênes, mais bien différents par leurs dimensions. A l'abri de la cognée, au fond d'impénétrables massifs, ils croissaient librement pendant des siècles et prenaient un développement auquel nous ne laissons jamais aux nôtres le temps de parvenir. Cependant quelques individus plusieurs fois centenaires, épargnés jusqu'à nos jours, nous permettent de nous représenter ces géants d'autrefois : tels sont certains Chênes célèbres de la forêt de Fontainebleau, le Clovis, le Henri IV, le Sully et les vieux arbres des fameuses futaies du Gros-Fouteau et du Bas-Bréau; le Chêne d'Allouville, près d'Yvetot, qui a près de douze mètres de circonférence et dont on évalue l'âge à 900 ans; l'énorme Hêtre des Beauremonts, dans la forêt de Compiègne; le Chêne *des Vendeurs*, de la forêt de Montfort, qui mesure plus de treize mètres de tour; celui de *la Chair au Point* dans le bois de Saint-Benoît-du-Sault, encore debout naguère et dont la circonférence n'avait pas moins de dix-sept mètres à trois mètres au dessus du sol; celui de Treignac, dans la Corrèze, plus gros encore, dont les principales branches avaient 1^m,20 de diamètre et qui couvrait de son ombrage une surface de plus de dix ares. Qu'on se figure une futaie formée de pareils colosses! Pline, parlant des Chênes de ces forêts de la Germanie et de la Gaule, s'exprime ainsi : « La majestueuse grandeur de ces arbres dépasse tout ce qu'on peut s'imaginer; ils n'ont jamais été frappés par la cognée; ils sont contemporains de la création du monde et semblent le symbole de l'immortalité. Là où leurs puissantes racines se rencontrent, elles soulèvent en un monticule la terre qui les recouvre, et, si le sol résiste, elles surgissent, elles montent jusqu'au niveau des branches, elles s'entrelacent et forment des portiques, des arcades sous lesquelles pourraient passer à cheval des escadrons entiers. »

La longue guerre des Romains et des Gaulois fut funeste aux forêts; bien des fois, durant cette lutte acharnée de huit années, elles furent incendiées, tantôt par les Gaulois pour arrêter la poursuite de l'ennemi, tantôt par César ou par ses lieutenants pour déloger les Gaulois des retraites où ils s'étaient réfugiés. A la conquête succédèrent l'occupation, la colonisation et par conséquent les défrichements, mais exécutés avec mesure, avec méthode. Les Romains étaient des hommes pratiques, ne négligeant rien, réglant tout. Ils savaient la valeur des forêts et l'intérêt qu'ils avaient à les ménager. Leur loi des Douze

Tables défendait de mutiler les arbres et condamnait à une amende ceux qui commettaient ce délit. Ils avaient des agents spéciaux, appelés *forestiers* comme les nôtres, pour la garde des bois publics ou privés. Leurs connaissances en sylviculture étaient précises; ils se servaient de termes techniques pour désigner les essences qui se régénèrent spontanément par des semences, celles qui poussent des rejets après avoir été coupées, celles qui émettent des drageons par les racines. Les forêts de la Gaule ne purent pas échapper à la vigilance de l'administration romaine.

Les peuples germains, qui méprisaient l'agriculture, qui, dans leur patrie, vivaient en nomades de leurs troupeaux et de leur chasse, habitant les bois et, l'hiver, se cachant dans des tanières souterraines, n'eurent aucun motif de détruire les forêts, quand ils furent devenus maîtres de la Gaule. Ils les aimaient, et aussitôt qu'instruits par les Romains et capables de parler à peu près leur langue, ils rédigèrent des lois, ils y mirent des articles punissant de peines sévères les abatis et les vols de bois. La loi salique frappait d'une amende presque aussi forte les attentats contre les arbres que ceux contre les hommes. La loi ripuaire ne se montrait pas moins rigoureuse pour les délits forestiers. Celle des Lombards coupait le poing à qui coupait un arbre. Les invasions, les guerres, toutes les misères de ces temps malheureux eurent d'ailleurs ce résultat, que les campagnes dépeuplées, les villages désertés, les champs abandonnés et redevenus incultes se reboisèrent tout seuls. On trouve au milieu des forêts, en Alsace, en Lorraine, en Normandie, partout, des ruines appartenant à l'époque romaine. La végétation forestière a repris possession du sol qu'on lui avait enlevé.

L'accroissement de la puissance royale et l'établissement de la féodalité furent favorables aux forêts. Les rois francs aimaient passionnément la chasse qui, à cette époque, était une école de courage. Le gibier était formidable : c'était l'aurochs, énorme, farouche, terrible dans sa colère; c'étaient l'élan, ce cerf géant qui ne craignait pas le loup, le lynx, véritable bête féroce qui s'attaquait à l'élan, le loup, enfin le sanglier, aussi redoutable que les carnassiers. Pour jouir de leur plaisir favori, les rois s'approprièrent les forêts qui, du temps des Gaulois et aussi des Romains, étaient restées indivises, et ils les firent sévèrement garder par des officiers spéciaux. Plusieurs capitulaires de Charlemagne et de Louis le Débonnaire traitaient de la régie des bois de la Couronne. Toute forêt fut désormais considérée surtout comme un parc à gibier. Les animaux qui la peuplaient devinrent le bien du roi et furent tenus pour plus inviolables que le bois lui-même. Les successeurs des Carlovingiens ne furent pas moins jaloux de leurs chasses. Quand le prince n'était pas à la guerre, il chevauchait avec sa cour sous les futaies de son domaine. Les plus pieux, comme saint Louis, les moins chevaleresques, comme Louis XI, furent des veneurs intrépides. Les longues avenues ombragées, résonnant du son des cors et des aboiements des chiens, les landes des vastes clairières, où la fuite du cerf et le galop des chevaux redoublaient de vitesse, les halliers impénétrables, les étangs entourés de roseaux, les tapis de mousse et l'épais feuillage des grands Hêtres invitant au repos et aux devis sérieux ou badins, étaient la poésie de la vie royale au moyen âge. Le monarque vivait dans la forêt; il s'y occupait même des affaires de l'État; il y rendait la justice, ainsi que l'atteste le Chêne légendaire de saint Louis à Vincennes; c'était son palais préféré, et ceux qu'il se faisait construire en pierre, il les voulait à proximité des grands bois; à travers les profondes fenêtres de ses tourelles, il voyait une nappe indéfinie de verdure se prolonger de tous côtés jusqu'à l'horizon; il entendait, la nuit, hurler les loups, glapir les renards, bramer

Une forêt de la Gaule.

les cerfs, que sa meute de lévriers forcerait le lendemain[1].

Les seigneurs, chacun selon sa richesse et sa puissance,
imitaient les rois. Posséder des bois giboyeux et s'y livrer
au noble plaisir de la chasse leur semblait le signe le
plus éclatant de leur importance. Non contents de leurs
forêts, ils voulaient avoir des garennes peuplées de lièvres,
de lapins, de perdrix, et les établissaient aux dépens des
blés, des vignes et des jardins de leurs tenanciers. Ceux-
ci réclamaient, n'obtenaient rien, se décourageaient et
abandonnaient leurs terres. Le gibier se multiplia tellement que les récoltes étaient dévorées, foulées, détruites.
Le cultivateur devait garder son champ jour et nuit.
L'air, disait-on, était infecté par cette multitude d'animaux sauvages; il se dégageait des bois une odeur de
fauves, comme d'une ménagerie. On se lamentait de voir
paître les daims et bondir les chevreuils là où il y avait
eu autrefois des chaumières, des hameaux, des familles
humaines. Les loups pullulaient, se répandaient dans les
campagnes, entraient jusque dans les rues des villes.
Plus d'une fois des bandes de lynx pénétrèrent dans un
village et y dévorèrent des femmes et des enfants[2].

Cependant, loin des châteaux, dans la profondeur des
grandes forêts, de nombreux défrichements s'étaient
opérés au profit de l'agriculture; la civilisation faisait
son œuvre, et c'étaient les moines qui en étaient les agents.

---

1. Il en fut de même à toutes les époques de la monarchie : témoin les châteaux de Chambord, de Fontainebleau, de Saint-Germain, de Compiègne, de Rambouillet, de Versailles, bâtis au milieu
ou sur la lisière des forêts.

2. Un édit de Charles VI reproche aux seigneurs d'abuser de leur
puissance et de a faiblesse de leurs tenanciers pour leur imposer
de nouvelles garennes, ce qui a pour résultat de dépeupler d'habitants le pays voisin et de le peupler de bêtes sauvages : ce pourquoi
les labourages et vignes des pauvres gens étaient tellement endommagés que les malheureux n'avaient plus de quoi vivre et s'étaient
vus forcés d'abandonner leurs demeures.

Le but de ces religieux ne fut pas d'abord de fonder des communautés et de cultiver la terre. Ce qu'ils allaient chercher au fond des bois, c'était la solitude, le silence, la liberté de se livrer à la méditation et à la prière, loin des hommes, de leurs querelles, de leurs violences, de leurs guerres cruelles. Ils voulaient y vivre en anachorètes et non en cénobites. « Pour s'enfoncer dans ces forêts impénétrables, couvrant monts et vallées, les hauts plateaux et les fonds marécageux, descendant jusqu'au bord des grands fleuves et dans la mer même, creusées çà et là par des cours d'eau qui se frayaient avec peine un chemin à travers les racines et les troncs renversés, entrecoupées par des marais et des tourbières où s'engloutissaient les animaux et les hommes, peuplées d'innombrables bêtes fauves, il fallait un grand courage.... Ils y entrent, seuls ou bien avec un ou deux disciples, à la recherche de quelque retraite inaccessible. Aucun obstacle, aucun danger ne les arrête. Plus la noire profondeur des forêts est effrayante, plus elle les attire. Il faut se glisser en déchirant ses vêtements à travers des sentiers étroits, hérissés d'épines, ramper sous des branches entrelacées pour découvrir quelque étroite et sombre caverne obstruée par les pierres et les ronces. Là où la caverne naturelle leur manque, ils se construisent un abri quelconque, une hutte de branchages ou de roseaux, et, s'ils sont plusieurs, un oratoire avec un petit cloître. Tantôt, rencontrant au fond des bois les débris d'anciens édifices abandonnés, ils les transforment en cellules et en chapelles, au moyen de quelques rameaux enlacés à un pan de mur ruiné; tantôt ils se creusent une cellule dans le roc; le lit, le siége, la table, sont également taillés dans la pierre vive.

« La nuit, couchés sur la dure, et le jour, défendus contre toute irruption par d'épais ombrages et d'innombrables défilés, ils s'abandonnaient à la prière et à la contemplation. Souvent, quand, au fond de leurs chapelles recouvertes de jonc et de ramée, ils célébraient leur office nocturne, les hurlements des loups accompagnaient leur voix et servaient comme de répons à leur psalmodie de matines[1]. »

S'ils étaient restés seuls dans leur retraite, selon leur désir, les ermites n'auraient pas beaucoup défriché. Il leur fallait peu de chose pour se nourrir; des herbes, des racines, des fruits sauvages, ou quelques légumes cultivés dans un petit jardin leur suffisaient. Mais les hommes, qu'ils fuyaient, venaient les chercher au fond de leur solitude. Un soir, on frappait à la porte de leur cabane : un voyageur égaré sans doute, et peut-être mourant de faim; il fallait ouvrir, et c'était un jeune homme, pris du dégoût du monde, altéré de pénitence et d'austérité, ou bien quelque vieux prêtre qui voulait terminer ses jours dans le recueillement; les renvoyer était impossible : c'étaient des hôtes, et il s'agissait de leur salut éternel. Peu de jours après, survenait une autre âme éprise du désert, affamée de privations, implorant un asile et une direction, puis une autre encore, que la charité commandait d'accueillir, et voici l'anachorète devenu, malgré lui, le chef d'une petite communauté.

Petite communauté au début, mais bientôt grandissante : le sentier qui conduit à la demeure des cénobites est devenu un chemin, tous les jours plus fréquenté ; quelques-uns, dans leur pieux respect, apportent des offrandes; la plupart demandent des aumônes, les pauvres du pain, les malades la guérison, les pécheurs des prières, les malheureux des consolations; on espère même des miracles : comment ces hommes si saints, qui ne vivent que pour Dieu et avec Dieu, n'en feraient-ils pas? On dit qu'ils ont rendu la vue à un aveugle, fait marcher un paralytique, nettoyé un lépreux, délivré un possédé; il y a eu des témoins; comment en douter? Plusieurs de

1. Montalembert, *les Moines d'Occident.*

ceux qui sont venus ne veulent plus s'en aller; ils restent.

Parfois ce sont des brigands, ayant leur repaire dans la forêt, qui découvrent la hutte de l'ermite. Frappés de son air vénérable, ils ne lui font pas de mal; ils voient d'ailleurs qu'il ne possède rien; ils le considèrent avec étonnement et l'interrogent : « Qu'es-tu venu faire ici? Ce lieu est pour les bandits et non pour les ermites. Ici il faut vivre de rapine. Le sol est stérile; tu auras beau le cultiver, il ne te donnera rien. — J'y viens pleurer mes péchés. Sous la garde de Dieu, je ne crains les menaces d'aucun homme, ni la rudesse d'aucun travail. Le Seigneur saura bien dresser dans ce désert une table pour ses serviteurs, et vous pourrez vous-même, si vous le voulez, vous y asseoir avec moi. » Touché du courage et de la douceur de cet homme extraordinaire, l'un des brigands revient le lendemain avec quelques pains cuits sous la cendre et un rayon de miel sauvage; il les offre à l'ermite; il écoute ses conseils; il lui amène plusieurs de ses compagnons, et ces bandits deviennent les premiers moines du nouveau monastère. C'est ainsi, dit-on, que Launemar, Séquanus, Ebrulphe, fondèrent leurs abbayes; des brigands convertis furent leurs premières recrues.

Lorsque l'ermitage se trouva peu à peu transformé en une communauté de trente, de cinquante, de quatre-vingts religieux, pour vivre il fallut travailler, c'est-à-dire prendre la cognée et abattre les arbres de la forêt, arracher les souches, couper les halliers et les broussailles, défoncer le sol avec la bêche et la houe, l'ameublir, le sarcler, semer, moissonner; ce ne fut plus un jardin ni un champ que l'on cultiva, ce fut un vaste domaine : tantôt les possesseurs de la forêt, le roi, le seigneur ou l'évêque, concédaient aux moines la jouissance du territoire défriché à la charge d'une redevance; tantôt, touchés de leur vertus et pour faire une œuvre agréable à Dieu, ils le leur donnaient en toute propriété. Outre que l'agriculture fut une nécessité, on la considéra comme honorable, à titre de travail. La règle monastique, reconnaissant que l'oisiveté est l'ennemie de l'âme, que la méditation, la lecture, les exercices spirituels ne suffisent pas et qu'il est bon d'occuper et de fatiguer le corps, obligea les religieux à travailler de leurs mains tous les jours pendant un certain nombre d'heures. Travailler beaucoup devint un mérite. Théodulphe qui, issu d'une riche et puissante famille d'Aquitaine, s'était fait moine à Saint-Thierry, près de Reims, s'illustra comme laboureur. Il mena la charrue pendant vingt-deux ans. Lui qui aurait pu vivre noblement dans son manoir, passer son temps à chasser dans les forêts de son domaine, il aima mieux fendre péniblement le sein de la terre, du matin au soir, en toute saison, sous le soleil, sous la pluie, comme le plus pauvre des paysans, comme le dernier des serfs. Il était plus infatigable que les bœufs qu'il conduisait, car tandis que ceux-ci se reposaient, couchés à l'ombre et ruminant à leur aise, il prenait la bêche ou le hoyau et continuait à travailler ; et quand il rentrait au monastère après des journées si fatigantes, il était toujours le premier aux offices et psalmodies de la nuit. Après ces vingt-deux années de labourage, Théodulphe fut élu abbé de sa communauté. Alors les habitants d'un village voisin s'emparèrent de sa charrue et la suspendirent dans leur église comme une relique. Longtemps après, les paysans des environs parlaient encore avec vénération de ce rude travailleur ; dans leur simplicité, ils admiraient un vieil arbre qui ombrageait le bord d'un chemin : ils le croyaient sorti de l'aiguillon dont l'abbé Théodulphe se servait pour piquer ses bœufs et qu'il avait planté en terre, un jour qu'en les ramenant au monastère il s'était arrêté sur ce chemin pour raccommoder sa charrue endommagée[1].

Sur tous les points de la France, au moyen âge, les

1. Montalembert, *les Moines d'Occident*.

forêts s'éclaircirent sous la cognée des moines et firent place aux moissons. On attribue à saint Fiacre le défrichement d'une partie de la forêt dans laquelle il s'était retiré en Brie, et c'est maintenant l'une des plaines si fertiles qui entourent la ville de Meaux. Saint Déicol conquit sur les bêtes fauves et cultiva le canton de Lure, à l'est de Vesoul, près des Vosges. Robert d'Arbrissel fit pour la première fois pénétrer le soleil et mûrir le blé au milieu des futaies de l'Anjou. Ses disciples devinrent si nombreux qu'il les dispersa dans toutes les forêts voisines. Des groupes de religieux, soumis à sa règle, allèrent s'établir dans les régions boisées de l'est de la France. C'est aux abbayes de Notre-Dame des Vaux-de-Cernay, de Saint-Léger, de Saint-Remi-des-Landes qu'est dû le démembrement de la vaste forêt Yveline, dont les bois qui portent encore ce nom, ainsi que ceux de Trappes, de Rambouillet, de Dourdan, sont des restes épars. Les moines de l'abbaye de Longpont entamèrent profondément la partie orientale de la forêt de Rez, ou de Villers-Cotterets. La forêt d'Orléans était, au douzième siècle, parsemée de colonies monacales, c'est-à-dire de centres de défrichement. Il en fut de même en Picardie, dans l'Artois, dans les Ardennes, en Bretagne, en Normandie, en Touraine, en Champagne, partout[1]. Consultez les anciennes cartes de nos provinces : vous y verrez les forêts coupées de tous côtés par de vastes clairières au milieu desquelles des abbayes dressent leurs toits aigus surmontés d'une croix.

Les moines n'étaient pas seuls à mettre en culture le sol forestier. Les seigneurs admettaient, et même appelaient sur leurs terres désertes et improductives des artisans, sortes de fermiers, auxquels ils donnaient, avec une masure, le droit de défricher quelques acres de forêt. Ces colons, qui portaient le nom d'*hôtes*, presque toujours

1. Voir Alf. Maury, *les Forêts de la Gaule et de l'ancienne France.*

Moines défrichant une forêt.

éloignés de toute surveillance, ne se renfermaient pas dans les limites qui leur étaient prescrites et empiétaient peu à peu sur les bois environnants. Quelquefois ils se multiplièrent tellement qu'ils formèrent des hameaux, des villages ; les maisons avançaient, les arbres reculaient ; la plaine chassait la forêt.

Il faut reconnaître que ces déboisements furent heureux ; ils préparèrent la France féconde d'aujourd'hui. Toutefois on ne peut voir sans chagrin notre pays se dépouiller ainsi de sa parure, se priver d'une richesse qui profitait à tous. Certaines populations tenaient jalousement à leurs forêts et s'opposaient aux défrichements exagérés. Nous en avons la preuve dans les lignes suivantes écrites par un Bourguignon du seizième siècle : « Quant aux bois, pour la multitude desquels nos voisins coutumièrement se mocquent, ils sont couchés pour une singulière commodité et proffit de tout le peuple, non-seulement pour la nécessité des bastiments et du chauffage, mais pour le plaisir et proffit des bêtes sauvages qui s'y establent en infinie multitude, mais encore pour les glands, faines, cerises, pasturages et austres choses nécessaires au bestail, desquels l'on tire tant de proffit que nous disons cela valoir une troisième portion des graines du pays. Et c'est pourquoi les laboureurs les appellent le troisième grenier de Bourgogne. »

Autrefois, en effet, tous les habitants riverains ou voisins d'une forêt — et c'était tout le monde‘ puisqu'il y avait des bois partout — avaient part aux produits de cette forêt. Les pauvres en vivaient pour ainsi dire ; ils y trouvaient une garantie contre l'extrême misère. Les *droits d'usage* accordés à tous, moyennant un cens fort minime et quelquefois gratuitement, par les propriétaires de bois, rois ou seigneurs, étaient une sorte d'assistance publique. Peut-être avaient-ils pour origine la reconnaissance d'un droit primordial de chacun à la jouissance d'un bien naturel, le souvenir de l'ancien temps où les forêts appartenaient à tout le monde. Ces droits étaient fort étendus : les usagers prenaient tout le bois qui leur était nécessaire non seulement pour leur chauffage, mais aussi pour la construction et la réparation de leurs demeures, pour la clôture de leurs vergers et de leurs champs, pour la confection de leurs instruments aratoires et de leurs ustensiles de ménage. Quand ils avaient besoin d'un grand arbre, ils devaient le faire désigner par le forestier préposé à la surveillance du bois ; mais si ce fonctionnaire négligeait de s'acquitter de son office, ils pouvaient l'abattre eux-mêmes. Quant au taillis et au bois de peu de valeur, bois blanc, arbustes, buissons, arbres renversés ou brisés par le vent, vieux arbres caducs, couronnés, bois mort ou demi-mort, ils le coupaient sans autorisation.

En outre, chacun avait la faculté de faire paître des bestiaux dans la forêt, de sorte que ceux même qui ne possédaient pas de terre, pouvaient avoir un troupeau, les plus pauvres ménages d'un hameau aussi bien que les seigneuries, les prieurés, les fermes. Les uns y élevaient des chevaux ou plutôt les laissaient s'élever tout seuls, libres, marqués du chiffre de leur propriétaire ; d'autres y menaient leurs bœufs, leurs vaches, leurs brebis ; les chèvres seules, dont la dent malfaisante n'épargne rien, étaient exclues. Le pâturage était ouvert partout, sous le haut couvert de la futaie, dans les clairières, dans les landes et les bruyères, excepté dans les coupes récentes, dans les jeunes taillis et les massifs au-dessous de cinq ou six ans ; encore l'hiver, à partir de Noël, allait-on partout où l'on voulait. Mais le plus apprécié peut-être de ces avantages était le droit de *panage* : c'était le pâturage spécial du porc, l'animal de prédilection de nos aïeux. On laissait les pourceaux, surtout les jeunes, vaguer dans les bois toute l'année, si ce n'est durant le mois de mai, moment où les glands qui germent doivent être épargnés. On avait aussi le droit de *glandée*, qui consistait à ramasser et à emporter le fruit du chêne, pour engraisser les porcs à domicile.

Le tribut à payer en échange de concessions si importantes variait de quotité et de nature, mais il était toujours fort modique : c'était, par exemple, une mine (la moitié d'un setier ou six boisseaux) de froment ou de seigle, de méteil ou d'avoine, ou bien un pain et un denier par feu pour avoir droit au bois de chauffage (droit d'*affouage*); trois oboles, ou seulement deux, ou même une seule par porc pour le droit de panage. Aussi toutes les paroisses s'empressaient-elles de revendiquer le payement des usages. Quelquefois la redevance était ou diminuée ou abolie; le prince ou le seigneur, soit en considération de services rendus, soit par un motif de piété ou de charité, accordait à un de ses officiers, à une communauté religieuse, à de pauvres gens, la complète gratuité de tel ou tel usage.

Les artisans des villes profitaient aussi du voisinage de la forêt. Les charpentiers, les charrons, les huchiers, les tourneurs allaient y chercher de quoi façonner des solives, des roues et des brancards de voitures, des meubles. Les tanneurs y récoltaient l'écorce des arbres abattus. Dans certaines provinces, les bouchers s'y taillaient des crochets à suspendre la viande, les boulangers des pelles à enfourner le pain, les tisserands des perches pour fabriquer leurs métiers, les forgerons des manches de marteau et des billots pour leurs enclumes.

Malheureusement les usages devinrent des abus, et les forêts en souffrirent beaucoup. Les gros usagers, seigneurs, abbés, prieurs, arrivèrent, par des concessions successives, à exercer des droits exorbitants. Tel prieuré, outre le panage gratuit, en toute saison, pour ses nombreux pourceaux et le pâturage pour son troupeau de bœufs de labour et ses juments avec leurs poulains, prenait dans une forêt du domaine royal le bois nécessaire pour réparer non seulement ses propres bâtiments, mais toutes les maisons qui dépendaient de lui, et pour enclore de palissades leurs vignes et leurs jardins. Tel autre, seulement pour lessiver son linge, emportait annuellement vingt-six charretées de bois. Les seigneuries n'avaient pas plus de réserve : celle-ci ne consommait pas moins de 40 cordes par an; celle-là empilait dans ses bûchers 4 charretées à 3 chevaux par semaine; cette autre s'approvisionnait de 5 charretées à 2 chevaux par jour. Les petits usagers, de leur côté, outrepassaient leurs droits. L'un, qui devait seulement faire ramasser ou casser à la main, « sans ferrement », du bois mort par des femmes et des « valletons qui ne portent brayes, étant de l'âge de 12 ans et au-dessous », y envoyaient des hommes munis d'une serpe. L'autre faisait confusion du bois mort et du mort-bois, qui étaient pourtant bien différents, le second consistant en bois vifs tels que marsaux, aunes, coudres et épines, et il prenait les deux; ou bien, avec les menues branches permises, il coupait aussi les tiges formellement interdites. Un autre, en sus des genêts et des bruyères, qui étaient son dû, coupait des perches dans les taillis, où il n'avait pas entrée, et au lieu d'emporter sa charge sur son dos, il la mettait, double et triple, dans une voiture, ce qui était une fraude passible d'une amende. La négligence ou la connivence des agents forestiers favorisait trop souvent ce pillage[1].

Quand on parcourt le recueil des ordonnances des rois de France du treizième au quinzième siècle, on y trouve la constatation de la ruine croissante des forêts. Louis IX se plaint de l'improbité des baillis, sénéchaux et autres officiers, qui, s'attribuant une part sur le produit de la vente des bois, multiplient les coupes. François Ier s'efforce de réprimer par des peines sévères les déprédations

---

1. Voir René de Maulde, *Étude sur la condition forestière de l'Orléanais.*

des usagers. Henri IV entreprend de réduire le nombre infini des droits d'usage et d'arrêter l'extension des coupes exagérées, « considérant que les grands dégâts des forêts du royaume, tant de celles du domaine royal que de celles des ecclésiastiques, commanderies et communautés, proviennent des ventes extraordinaires qui se font contre les règlements, du nombre excessif d'officiers, grands et petits, qui prennent gages et taxations, chauffage et autres droits, de l'extrême quantité d'usages, et des délits, abus, malversations qui se commettent en ces forêts. » Enfin Louis XIV, ou plutôt Colbert, qui a tant fait par son ordonnance de 1669 pour reconstituer la propriété forestière, malgré la résistance de plusieurs parlements, notamment de celui de Paris, accuse de la ruine des forêts « la mauvaise administration des grands maîtres et des officiers aux maîtrises particulières, qui, non contents de dégrader eux-mêmes les bois par des coupes forcées et par l'emploi des plus beaux arbres à leurs maisons et bâtiments, ont traité avec les riverains, usagers, rentiers, bénéficiers, syndics et principaux habitants pour permettre et souffrir les abus, moyennant sommes notables et pensions annuelles, outre les droits exorbitants qui ont souvent absorbé le prix des ventes, et l'application des amendes à leur profit particulier. »

Ces innombrables abus, joints aux empiétements incessants de l'agriculture, résultat nécessaire de l'accroissement de la population, et au développement de l'industrie métallurgique, vorace de bois, réduisirent tellement l'étendue de nos forêts, qu'à la fin du dix-huitième siècle elles ne formaient plus qu'un ensemble d'environ 9 600 000 hectares : elles avaient diminué de moitié depuis le moyen âge, des trois quarts depuis l'arrivée de César en Gaule. Elles sont encore plus restreintes aujourd'hui : la liberté des défrichements, donnée par la loi en 1791 à la propriété privée, les dévastations commises par les populations furieusement acharnées contre les arbres à toutes les époques de troubles politiques et d'anarchie, — en 1789, en 1830, en 1848, en 1851, — la regrettable aliénation, plusieurs fois répétée, de parties importantes du domaine forestier de l'État pour subvenir à des besoins financiers[1], la déplorable perte de l'Alsace-Lorraine[2], ont abaissé le nombre de nos hectares boisés au chiffre de 9 millions. De ce sol forestier, dont l'étendue pourrait être doublée par l'adjonction de tant de terres improductives, un dixième seulement est la propriété de l'État et peut recevoir de lui un traitement patient et rationnel[3], tout le reste appartient aux communes et surtout aux particuliers, qui, pressés de jouir du produit de leurs bois, trop souvent en abusent et les ruinent.

La France n'occupe aujourd'hui que le huitième rang parmi les nations européennes, classées d'après le rapport de leur surface boisée à l'étendue totale de leur territoire. Elle a devant elle la Russie d'Europe, la Suède, la Norvège, l'Autriche, l'Allemagne, la Turquie d'Europe, la Suisse; elle ne laisse derrière elle que la Grèce, l'Espagne et le Portugal, la Belgique et la Hollande, l'Angleterre, le Danemark, États qui, au point de vue de la richesse forestière, ne comptent pour ainsi dire pas. Cette infériorité, dont il dépendrait de nous de relever notre pays, malheureusement l'opinion publique l'accepte avec une résignation qui mérite plutôt le nom d'indifférence. L'état le plus souvent médiocre de nos bois, dont on ne s'occupe qu'au moment d'y porter la cognée, la multitude des délits forestiers journellement commis

---

1. Les aliénations ont été de 958 922 hectares : 168 826 hectares de 1814 à 1830 ; 118 166 hectares de 1831 à 1848 ; 71 930 hectares de 1852 à 1870. Ces parties aliénées, passées aux mains des particuliers, ont été les unes défrichées, les autres mal administrées, gaspillées.

2. C'est-à-dire de 550 530 hectares de nos plus belles forêts.

3. Le domaine forestier de l'État se réduit à 758 forêts, occupant une superficie totale de 967 160 hectares.

sans scrupule, rarement réprimés, et qui, dans nos campagnes, ne sont pas considérés comme des délits, l'indulgence avec laquelle beaucoup d'hommes, jugés dignes de faire nos lois, entendent proposer de nouvelles aliénations de nos forêts nationales, ne semblent pas annoncer encore un avenir meilleur.

CHAPITRE IV

Régénération de la Sologne par les plantations de Pins. — Boisement des dunes et des landes en Guyenne et en Gascogne.

Notre pays n'a pourtant pas perdu la plus grande partie de ses ressources forestières sans que des hommes prévoyants, navrés de l'insouciance générale, aient signalé le mal et donné de sages conseils. Au seizième siècle, Bernard Palissy disait dans son énergique et naïf langage : « Quand je considère la valeur des moindres gittes des arbres, je suis tout émerveillé de la grande ignorance des hommes : il semble qu'aujourd'hui ils ne s'estudient qu'à rompre, couper et déchirer les belles forêts que leurs prédécesseurs avaient si précieusement gardées. Je ne trouverais pas mauvais qu'ils coupassent les forêts pourvu qu'ils en plantassent après quelque partie; mais ils ne se soucient nullement du temps à venir, ne considérant pas le grand dommage qu'ils font à leurs enfants. Je ne puys assez détester une telle chose, et ne la puys appeler une faute, mais une malédiction et un malheur à toute la France, parce qu'après que tous les bois seront coupez, il faut que tous les arts cessent et que les artisans s'en aillent paistre l'herbe, comme fit Nabuchodonosor. » Buffon, effrayé, lui aussi, de voir venir le moment où la France manquera de bois, reproche à ses contemporains leur indolence, leur égoïste envie de jouir

sans mesure du présent, leur indifférence pour la posté-
rité, et il leur désigne les nombreux terrains absolument
stériles que contiennent la Bretagne, le Poitou, la Guyenne,
la Bourgogne, la Champagne, terrains autrefois boisés et
productifs, ainsi que le prouvent les vieilles souches trouvées partout dans le sol. « Il ne s'agirait, dit-il, que de
les ensemencer ou de les planter. Quel avantage pour
l'État, si l'on voulait les mettre en valeur! Il faut commencer dès aujourd'hui. »

De nos jours, tous les hommes compétents — ils sont
encore trop peu nombreux — partagent l'avis de Buffon.
Il est reconnu que, dans les plaines, l'œuvre de déboisement est consommée et qu'elle ne saurait être poussée
plus loin sans de grands dommages. Il n'y a plus un seul
arpent à détacher de notre domaine forestier. Les terres
restées boisées doivent être scrupuleusement respectées;
elles seraient, soit par leur relief, soit par leur composition géologique, rebelles à l'agriculture[1]. Il faut au contraire rendre à la forêt les régions stériles et désertes
dont la forêt seule peut s'accommoder. Elle y ramènera la
fécondité, elle y rappellera la prospérité et la vie[2].

L'expérience a démontré avec éclat la justesse de ces
idées. De nombreux reboisements ont déjà été opérés

1. Dans chaque région, dit M. Clavé, l'agriculture s'est emparée
des terres les plus fertiles, laissant aux forêts celles dont elle n'a
pu tirer parti. Il en résulte qu'aujourd'hui il n'y aurait plus aucun
intérêt à poursuivre le déboisement, puisqu'on n'aurait à défricher
que des forêts qui sont parfaitement à leur place et qu'aucune autre
culture ne remplacerait avantageusement.

2. Les contrées riches, agricoles, industrielles, dit encore M. Clavé,
sont en même temps des contrées forestières : tel est le bassin de
Paris, avec ses forêts de Blois, d'Orléans, de Fontainebleau, de
Chantilly, de Compiègne, de Saint-Germain, etc. ; tel aussi le bassin
de Bordeaux. Les contrées pauvres, sans agriculture ni industrie,
ont aussi perdu leurs forêts. La carte forestière peut jusqu'à un
certain point nous indiquer le degré de prospérité de chaque région : *contrée boisée, contrée prospère ; contrée déboisée, contrée
pauvre.* Il est peu d'exceptions à cette règle.

dans les cantons les plus improductifs de la Bretagne, de la Champagne, particulièrement de la Sologne. Cette dernière contrée, naguère la plus pauvre de toutes, la plus maltraitée par la nature, qui ne lui a donné qu'une mince couche de sable sur un fond d'argile, et par les hommes, qui, après l'avoir complètement épuisée, l'ont abandonnée, a en grande partie changé d'aspect. Si, après l'avoir visitée il y a quelque vingt ou trente ans, vous la revoyez aujourd'hui, vous ne la reconnaîtrez pas. Là où une nappe immense de sombres bruyères s'étendait tout autour de vous à perte de vue, interrompue de place en place par des tapis d'un lichen blanchâtre et desséché, qui craquait avec un bruit de verre broyé sous chacun de vos pas, et par de grandes flaques d'eau stagnante, vous voyez de longues rangées de jeunes Pins, dressant par étages réguliers leurs pousses nouvelles d'un vert tendre que surmonte leur flèche aiguë; ils sont les maîtres du sol; la bruyère est morte, étouffée sous leur branchage touffu. Ailleurs c'est déjà une petite futaie, sous laquelle vous pouvez circuler ; une couche épaisse d'aiguilles sèches couvre la terre, que peu à peu elle fertilise. La plaine n'est plus une surface nue, informe, incolore, allant de tous côtés se confondre à l'horizon avec le ciel; elle est parsemée de massifs de bois qui au loin paraissent se toucher et former une ligne continue de forêts. Une pénétrante et salubre senteur de résine est devenue l'odeur caractéristique du pays; elle vous saisit, vous enveloppe, vous accompagne, ne vous laisse pas oublier un moment où vous êtes. On a évalué à 80 000 hectares l'ensemble des pineraies créées en Sologne.

En même temps la population s'est accrue. Il faut des ouvriers pour défricher la lande, pour planter ou semer, pour couper, débiter, écorcer le bois, pour creuser des fossés d'assainissement. A la place des hameaux d'autrefois, des masures en chaume à demi effondrées, vous trouvez des villages composés de maisons neuves, bâties en briques, couvertes de tuiles rouges ouvragées ; par les portes ouvertes, vous apercevez des intérieurs bien ordonnés et propres, et, derrière les habitations, des enclos où s'alignent des planches de légumes avec quelques touffes de fleurs.

Malheureusement, ce retour de prospérité a été brusquement interrompu. On s'était servi généralement, pour boiser la Sologne, de Pins maritimes, essence accoutumée à un climat plus méridional, mais qui, jusqu'alors, avait supporté les plus basses températures de la contrée et qui se recommandait par une croissance rapide : le terrible hiver de 1879-1880, avec ses froids extraordinaires de 30 et de 35 degrés, les a fait périr ; pas un n'a été épargné ; anciennes et nouvelles plantations, il a fallu tout abattre. Mais les propriétaires, victimes de ce désastre, ne se sont pas découragés ; ils ne se sont pas dégoûtés de leurs terres et des sacrifices qu'elles leur coûtent ; ils se sont immédiatement remis à l'œuvre. Quelques-uns se sont décidés à faire de nouveau l'épreuve du pin maritime, considérant le rigoureux hiver de 1879 comme un phénomène unique que l'on ne reverra plus ; la plupart, plus prudents, instruits par l'exemple de plusieurs d'entre eux, qui avaient sagement préféré le Pin sylvestre et qui ont eu le bonheur de conserver leurs bois, ont adopté cette essence, originaire du nord et capable de résister aux plus fortes gelées. De tous côtés, tous les jours, la Sologne se repeuple de jeunes plantations ; dans peu d'années, elle aura réparé ses pertes, elle aura repris sa marche dans la voie de la régénération et du progrès.

Ce modeste pays, envers lequel la nature s'est montrée si parcimonieuse, se fait singulièrement aimer de ceux qui l'habitent et de ceux qui l'observent avec attention. Il intéresse à la façon des souffrants qui se débattent contre le mal et veulent guérir, des pauvres qui s'affranchissent de la misère par le travail, des humbles qui s'élèvent par l'effort et le mérite personnel. On ne saurait trop louer les propriétaires qui, au lieu de dépenser leur temps et leurs revenus dans les grandes villes, au milieu de plaisirs stériles, se sont consacrés au salut de cette contrée. Nous connaissons tel d'entre eux qui, en quête d'une œuvre utile à accomplir, est venu de bien loin s'installer au milieu d'une vaste lande de plusieurs centaines d'hectares, y a planté sa maison, loin de tout village, de toute habitation, y a fait bâtir plusieurs logements confortables pour des ouvriers et leurs familles, auxquels il a assuré un nombre fixe de journées de travail : au bout de quinze ans, à travers bien des insuccès et des déceptions, causés soit par une extrême sécheresse, soit par un excès d'humidité, soit par des invasions d'insectes destructeurs des arbres, il a réussi à transformer un aride désert en une forêt naissante. Nous ne concevons pas quel emploi meilleur on pourrait faire de sa vie.

Ce que peuvent les arbres pour changer absolument la face d'un pays, on le voit encore dans les départements de la Gironde et des Landes. La moitié occidentale du premier, le second tout entier, sauf la partie sud-est, au dessous de l'Adour, n'étaient naguère qu'un immense désert, entrecoupé d'étangs et de marais, couvert de hautes bruyères, d'ajoncs, de genêts, de fougères, de touffes de joncs et de carex. Le sol, composé d'une couche de sable sec et léger sur un banc continu de sable compact, aggloméré, ou plutôt de grès, ayant la couleur et la dureté du fer, ne pouvait produire autre chose. En automne et en hiver, les pluies, tombant sur un terrain plat, rencontrant bientôt un fond imperméable, ne s'écoulaient ni ne s'absorbaient ; elles s'amassaient et finissaient par surmonter la surface de la terre, qui disparaissait sous une nappe d'eau s'étendant jusqu'à l'horizon. « Il y a peu d'années encore, dit M. Élisée Reclus, les propriétaires des landes ne s'occupaient aucunement d'assainir le sol, et le voyant alternativement inondé par les pluies

Les landes de Gascogne.

d'hiver et desséché par le soleil d'été, ils croyaient que toute culture y était impossible. Suivant l'exemple de leurs ancêtres, ils se contentaient d'élever de maigres brebis qui se glissaient à travers les broussailles en accrochant leurs toisons et broutaient les tiges des jeunes bruyères. On a calculé qu'en certains endroits quatre hectares, c'est-à-dire un terrain qui d'ordinaire subvient à la subsistance de toute une famille, suffisaient à peine pour faire vivre un seul mouton. Encore fallait-il renouveler les pâturages ; quand l'eau avait disparu du sol et que la chaleur du soleil avait commencé à dessécher les plantes, lès pâtres landais mettaient le feu aux brandes, afin qu'après l'incendie une nouvelle végétation d'herbe plus tendre reparût sous les cendres et les débris calcinés[1]. » Aussi ces terres n'avaient-elles aucune valeur ; pour les vendre, on ne se donnait même pas la peine de les toiser ; la portée de la voix servait de mesure : tout l'espace sur lequel le cri du berger se faisait entendre se payait quelques francs.

Ces bergers étaient les seuls êtres humains que l'on apercevait dans la lande, dont le silence n'était interrompu que par des bêlements de moutons, ou par la note plaintive de quelque oiseau de marais, se détachant tout à coup sur le perpétuel concert d'innombrables cigales, si monotone que l'oreille s'y accoutume et ne le perçoit plus. On les voyait de loin, juchés sur leurs longues échasses, surveillant de haut leurs brebis cachées dans le fourré, en tricotant des bas ou en tordant du fil, cheminant tranquillement au milieu des flaques et des marécages, traversant les broussailles épineuses, sur le sommet desquelles ils avaient l'air de marcher. Taciturnes, à demi sauvages, si vous vous dirigiez vers eux, ils vous regardaient d'un œil défiant et s'enfuyaient à

1. Élisée Reclus, *le Littoral de la France. Revue des Deux-Mondes*, août 1863.

grandes enjambées. Quelques petits cultivateurs, fermiers ou métayers, demeurant à de grandes distances les uns des autres dans des cabanes dont le toit dépassait à peine le niveau de la lande, habitaient aussi ces solitudes. Ils vivaient misérablement du produit de leurs champs, ensemencés de seigle, de millet ou de maïs, sur les terrains inclinés qui bordent les ruisseaux.

Cette région, parsemée d'eaux stagnantes, était malsaine. La plupart des Landais étaient chétifs, avaient le visage maigre et blafard, les yeux creux. Pendant les mois d'août et de septembre, beaucoup d'entre eux tombaient malades et gardaient le lit. Une affreuse maladie, appelée *pellagre*, espèce de lèpre, faisait aussi tous les ans de nombreuses victimes. Pour se guérir, on n'appelait pas le médecin, qui était loin, on ne savait où, dans les grandes villes; on s'adressait à de vieilles femmes connaissant par tradition des remèdes infaillibles et, si le cas était grave, à des sorciers de profession : vieillards sincèrement superstitieux, qui employaient les passes et les attouchements magnétiques, refusant tout salaire, qui leur eût fait perdre, pensaient-ils, leur pouvoir surnaturel, ou bien « bergers au regard sinistre, qui traçaient des cercles magiques, brûlaient des cheveux, de la graisse et du soufre, évoquaient le diable en termes cabalistiques et célébraient de hideuses cérémonies grassement payées ». Parfois le paysan guérissait néanmoins; mais « en se relevant de son lit de douleur, il était devenu pour le reste de sa vie une proie de la terreur : il tremblait en entendant le cri de la chouette et du hibou; il redoutait les sorts, les enchantements, et souvent il craignait de rencontrer un loup garou jusque dans son voisin ou dans un membre de sa propre famille[1] ».

La région des landes n'avait pas seulement contre elle sa stérilité, ses inondations continuelles, son insalubrité;

---

1. Élisée Reclus, *le Littoral de la France.*

un autre ennemi, qu'il semblait impossible de combattre, la menaçait sans cesse et empêchait qu'on fût tenté de s'y établir. Cet ennemi, ou plutôt ces ennemis, car ils formaient toute une armée, c'étaient les monticules de sable qui se dressaient sur toute sa lisière occidentale, le long du rivage de la mer; c'étaient les dunes. La chaîne des dunes, s'étendant depuis la pointe de Grave jusqu'à Bayonne sur une longueur de 200 kilomètres, couvrant une superficie de 90 000 hectares, était mobile ; elle s'avançait d'un pas lent et régulier sur les landes et les ensevelissait sous elle.

La formation et la progression des dunes sont un phénomène facile à comprendre. La mer apporte du sable qu'elle a soulevé et qu'elle tient en suspension dans ses eaux toujours remuantes, et en se retirant elle le dépose sur la plage. Ce sable s'y sèche bientôt à l'air et au soleil ; comme il est fin et léger, le vent du large l'enlève, le balaye vers la côte. Si le sol était uni, il s'y formerait partout une couche sablonneuse d'une épaisseur égale, mais il ne l'est pas ; des pierres, des plantes, des épaves projetées par les flots, y font çà et là saillie ; la brise, qui rencontre ces obstacles, est forcée d'y laisser les grains de sable dont elle est chargée; ces grains peu à peu s'accumulent, et voici une quantité de petites buttes, qui, par l'apport continuel du vent d'ouest, presque constant sur cette côte, finissent par devenir de véritables collines, hautes de 30, de 60 et même de 80 mètres, alignées sur plusieurs rangs plus ou moins rapprochés et séparés par de longues et étroites vallées ou *lettes*.

Ces énormes amoncellements de sable, larges en moyenne de 6 kilomètres, ne sont pas stables. Le vent, qui les construit, les démolit en même temps; il les forme et les déforme sans cesse; en somme, sous la pression de sa puissante haleine, il les déplace, il les fait avancer de l'ouest à l'est. En montant sur une dune par un temps de brise assez forte et régulière, on voit très bien ce qui se passe : le flot de sable accourt de la plage en la rasant, il escalade la pente antérieure de la dune et, dans cette ascension, s'augmente d'une nouvelle quantité de sable enlevé à la superficie de cette pente; il arrive sur la cime, la parcourt et s'entasse en corniches sur les dernières arêtes d'où, de moment en moment, il s'éboule pour se répandre en nappe sur le versant postérieur. Lorsque le vent souffle en tempête, l'opération s'accélère et se fait d'une manière désordonnée, tumultueuse : les crêtes des collines sablonneuses se hérissent de panaches de poussière; on dirait qu'elles fument comme de petits volcans; des masses de sable s'en détachent, roulent avec bruit et forment des traînées inégales le long du talus d'éboulement. C'est ainsi que les dunes empiètent incessamment sur les terres de l'intérieur. Elles avancent d'environ 20 mètres par an. On les a vues, par un grand vent, progresser de plus de 60 centimètres dans l'espace de 3 heures.

A cette invasion des sables sur la lande, rien ne résistait; il fallait reculer. Les grands étangs qui confinaient à la base orientale de la dune se retiraient et, toujours repoussés, voyageaient de l'ouest à l'est. Des villages, qui s'étaient créé à grand'peine de petites oasis dans la bruyère, se voyant cernés et sur le point d'être engloutis, ont dû plusieurs fois s'enfuir et ont été définitivement abandonnés; on sait leurs noms : Lillan, Lélos, Sart, Anchise, mais on ignore où ils étaient situés et ce qu'ils sont devenus. Celui de Lège s'est transporté, de 4 kilomètres en 1480, de 3 kilomètres en 1660, plus avant dans les terres. Le bourg de Mirmizan, qui fut l'un des plus importants des Landes, se décida à émigrer quand les deux pointes avancées d'un croissant de sable se recourbaient déjà autour de lui, comme deux bras pour l'étreindre et l'étouffer. Les bergers et les pêcheurs n'avaient pas d'établissement durable; ils vivaient, ainsi que leurs familles, en nomades, en fugitifs; chassés par le sable ou par l'eau, ils démolissaient leurs chaumières et en emportaient les matériaux pour les reconstruire plus loin.

On a lieu de penser que ces dunes mouvantes, fléau de toute une contrée, ne devinrent telles que par la faute des hommes. Laissées à elles-mêmes, elles avaient dû se couvrir spontanément d'une végétation de plus en plus puissante, qui les avait consolidées ; des plantes basses y avaient sans doute d'abord pris racine ; puis, dans les creux abrités et plus frais, des arbrisseaux, des arbres, dont les semences légères avaient été apportées par les vents, avaient germé ; ces bouquets d'arbres avaient peu à peu gravi les flancs et enfin le sommet de la dune, qui s'était complètement boisée. Des troncs de Chênes, de Pins et de plusieurs autres essences, trouvés en plusieurs endroits enfouis dans le sable, nous attestent l'existence de ces anciens bois. Un document remontant au quatorzième siècle parle de forêts recouvrant les dunes et dans lesquelles les seigneurs du pays chassaient le cerf, le chevreuil et le sanglier. On voit, d'ailleurs, encore aujourd'hui, près de Cazaux, une vieille futaie de Pins magnifiques, sans pareils en France, et des Chênes ayant près de dix mètres de tour. Ces beaux bois auront été peu à peu abattus au moyen âge par les riverains ou brûlés par les bergers ; les troupeaux auront brouté les arbustes, les buissons, jusqu'aux moindres herbes, piétiné et défoncé le sol, et les sables seront redevenus le jouet du vent et des tempêtes de l'Océan.

C'est à la fin du dix-huitième siècle qu'a été entreprise la grande œuvre du reboisement et de la fixation des dunes de Gascogne. Brémontier s'est illustré en la commençant. Le choix de l'essence à employer ne faisait pas de doute ; cette essence était le Pin maritime, qui aime les vapeurs salines et tièdes de la mer ; la difficulté était de protéger les semis. Brémontier y réussit au moyen de cordons de fascines opposant un obstacle à l'invasion des sables nouveaux et de branchages fichés en terre, inclinés dans le sens du vent, pour abriter le sol ensemencé. Les jeunes Pins poussèrent. Plus de 250 hectares de sables mouvants, dans les environs d'Arcachon, retenus par les racines des arbres, se fixèrent[1].

Depuis, par les soins de l'administration publique, les plantations se sont étendues sur tout le littoral. Les procédés sont restés les mêmes. On commence les reboisements par la lisière voisine de l'Océan et l'on poursuit de proche en proche par bandes parallèles et contiguës. Pour défendre les jeunes plantations contre l'assaut des sables que la mer ne cesse de jeter sur le rivage, on crée une sorte de dune artificielle, immobile, en avant des dunes naturelles que la végétation est en train de fixer. « Pour cela, dit M. Clavé, on établit, parallèlement à la ligne du flot, une palissade de planches indépendantes les unes des autres, d'une largeur moyenne de 20 centimètres et espacées de 5 centimètres. Le sable déposé par la mer et enlevé par le vent vient heurter cet obstacle et s'accumule à la base; il filtre à travers les interstices ménagés entre les planches de la barrière, qu'il charge simultanément des deux côtés en formant un bourrelet qui s'élève sans cesse. Lorsque cette barrière est sur le point d'être engloutie, on relève les planches au moyen d'une chèvre ou d'un levier et l'on reconstitue ainsi l'écran protecteur. » Quelquefois on se sert d'un clayon-

1. En Russie, dans les steppes qui s'étendent de la mer Noire à la mer Caspienne, on emploie un ingénieux procédé pour fertiliser et fixer en même temps le sol sablonneux et mouvant avant de semer le pin. On y répand une quantité de petites baguettes de saule, de la grosseur du petit doigt et d'une longueur d'environ 10 centimètres. Le sable ne tarde pas à recouvrir ces tronçons de saule, qui s'enracinent bientôt et donnent naissance à un peuplement qu'on laisse croître pendant plusieurs années. On les coupe alors; les plus gros brins sont susceptibles d'être vendus; les autres, ainsi que les minces branchages, sont laissés sur le sol. Au bout de deux ans ils se sont décomposés et l'on sème le pin sylvestre à la volée sur la couche de terreau formée par leurs détritus.

Plantations de pins sur les dunes.

nage, qui remplit le même office que la palissade. On prend en outre la précaution de consolider le talus de la dune protectrice en y plantant des végétaux qui poussent volontiers dans les sables les plus arides, telles que le gourbet (*arundo arenaria*) et le tamaris.

Les Pins se développent admirablement sur les dunes; leurs racines y plongent à l'aise dans un terrain meuble et indéfiniment profond. Sous leur ombrage, le sol se couvre d'arbustes et de gazon. Les dépressions qui séparent les collines sablonneuses, ne sont plus des fondrières impossibles à traverser; les innombrables racines qui boivent incessamment l'eau des pluies les ont desséchées. Cette bande de sables stériles, ruinés par le déboisement, devenus à leur tour une cause de ruine pour les terres voisines, sont aujourd'hui une belle forêt d'une valeur de plus de 25 millions.

Dès que les propriétaires des Landes se sont vus délivrés du danger dont les menaçaient sans cesse les dunes mouvantes, ils ont songé à transformer, eux aussi, leurs bruyères en forêts. Les premiers essais ne furent pas encourageants. Les semences de Pins et de Chênes, noyées sous les eaux stagnantes, pourrissaient. Le remède était facile à trouver. On creusa de nombreux fossés d'écoulement ; les terres s'égouttèrent, s'assainirent, et les arbres, excepté dans les endroits où le fond rocheux imperméable était trop rapproché de la surface du sol, prospérèrent. Certains domaines, conduits avec intelligence, montrèrent ce que l'on pouvait attendre d'un terrain en apparence si ingrat : tel est celui de Geneste, situé à 15 kilomètres de Bordeaux, sur la route de Lesparre. Acheté vers 1820 pour un prix des plus modiques, cette terre de 500 hectares ne produisait que des genêts, des joncs et des bruyères. « Actuellement elle est sans aucun doute le plus beau jardin d'acclimatation qui existe en Europe. La propriété, qu'assainissent des fossés d'écoulement, est divisée en carrés de 10 ares au moyen de larges chemins dont la terre végétale a été reportée sur les plates-bandes. Ainsi exhaussé de plus d'un demi-pied, le sol, doublé pour ainsi dire, offre une épaisseur moyenne de 70 centimètres, et donne une vigueur extraordinaire aux plantes qu'on lui confie. Les pépinières renferment en abondance des Pins et des Chênes d'espèces diverses adaptées au terrain et au climat des Landes. A côté des Pins maritimes ordinaires s'élèvent des milliers de Pins de Riga, droits comme des mâts de navire, et destinés à fournir d'excellents bois de charpente; puis viennent des Pins de Corte, plus hâtifs que les Pins des Landes et fournissant une résine d'aussi bonne qualité; ailleurs ce sont des Pins de Weymouth, des Mélèzes et toute la série des Chênes de l'Amérique du nord, depuis le *Tinctoria*, aux feuilles longues d'un pied, jusqu'au *Palustris*, dont le bois émousse la hache. Dans le parc de Plaisance, on se promène sous l'ombrage d'arbres exotiques d'une admirable venue. Cèdres du Liban, Araucarias, Tulipiers, Magnolias, Séquoias de la Californie se développent avec une rapidité inconnue dans presque tous les autres jardins de France. Les Liquidambars, hauts de 30 mètres, ont le tronc aussi droit et aussi pur que s'il eût été coulé dans un moule. Les Cyprès de la Louisiane sont plus beaux et plus garnis de branches que ceux des forêts mississipiennes[1]. »

De tous côtés des parcs, des pépinières, des vergers ont apparu; le sombre tapis de la Lande s'est tacheté d'îlots de verdure s'élargissant, se multipliant sans cesse. Des routes nouvelles se sont ouvertes à travers la plaine, et de jeunes bois se sont alignés sur leur passage. Les communes, obligées par la loi de 1857, ont ensemencé chaque année une partie de leurs bruyères, et ont vendu celles dont elles n'étaient pas en état d'entreprendre la transformation à des particuliers qui se sont mis avec ardeur

1. Élisée Reclus, *le Littoral de la France.*

à assainir, à défricher, à planter, confiants dans les promesses de l'avenir. En quelques années, sur plus de 70 000 hectares, des fourrés de broussailles et des mares croupissantes ont cédé la place aux Pins maritimes. Or ces arbres précieux, dès l'âge de dix ans, se prêtent à des éclaircies déjà rémunératrices ; à partir de vingt ou de vingt-cinq ans, ils supportent l'opération du gemmage, produisant chaque année de soixante à soixante-dix francs par hectare ; enfin, après un siècle et plus, épuisés de résine, ils tombent sous la hache du bûcheron et, tandis que les tiges fournissent du bois de charpente ou de menuiserie, les souches mêmes se réduisent en goudron.

En même temps que le sol, tout a changé dans la région des Landes. La conquête des bruyères par les forêts a été celle de la barbarie par la civilisation. Le travail, l'industrie, le bien-être sont venus et se sont accrus dans la même proportion que les plantations de Pins. Les arbres, en remplaçant la brande, ont chassé les troupeaux qui la broutaient ; les bergers, devenus inutiles, ont, pour la plupart, quitté leurs échasses et leur long bâton pour prendre la hache du résinier ; d'autres se sont faits cultivateurs ; ils défrichent, ils sèment, ils moissonnent. Les villages se transforment tous les jours ; le chemin de fer, remontant de Bordeaux à la pointe de Grave par dix-neuf étapes, descendant à travers vingt-six stations jusqu'à Bayonne, est allé les trouver dans leurs déserts et les a mis en communication les uns avec les autres, avec de grandes villes, avec la France entière. Les enfants ont appris le chemin de l'école ; par eux, le livre, objet naguère inconnu, a pénétré dans les familles. La fièvre a décru avec le nombre et l'étendue des marais, et c'est au médecin, non plus au sorcier, que les malades demandent la guérison. « Le territoire français, dit M. Élisée Reclus, s'est enrichi de toute une province, qui sans aucun doute sera l'une des plus charmantes, grâce à ses dunes, à ses étangs, à ses vastes forêts. Et pour avoir été pacifique, pour n'avoir pas coûté de sang, cette conquête des Landes ne sera pas moins utile et sera plus durable que celle de bien des colonies lointaines achetées au prix de milliers de précieuses vies. »

CHAPITRE V

C'est surtout dans les montagnes que la vie végétale,
sous sa forme la plus élevée, l'arbre, montre son étonnante puissance d'expansion. Ici, non seulement elle
s'empare des terrains les plus arides, mais elle envahit
ceux qui, par leur configuration, semblent le mieux
défier ses atteintes; elle prend d'assaut des pentes droites
et lisses comme des murailles; elle s'installe sur les escarpements des rochers; elle s'insinue dans d'étroites fissures; elle se suspend au-dessus des abîmes. Elle ne
s'arrête que devant l'infranchissable barrière des neiges
et des glaces; encore entre-t-elle en lutte avec celles-ci,
et parvient-elle quelquefois à les tenir en respect.

Les arbres aiment les montagnes; c'est là, dans un air
pur et vif, violent même, sous les pluies abondantes que
provoquent les sommets, parmi les ruisseaux, qu'ils sont
à l'aise et prennent un développement inconnu ailleurs :
témoins les monstrueux Châtaigniers des flancs de l'Etna,
et tels Sapins des Alpes ou des Pyrénées auxquels le
nombre des couches concentriques de leur tronc assigne
une vieillesse invraisemblable. Les arbres résineux, Pins,

Sapins, Mélèzes, se plaisent à lutter contre la tourmente, à enfoncer leurs fortes racines dans les entrailles des rochers et à dresser leur cime chargée de frimas jusque sous les coupoles des glaciers. Ces mêmes arbres s'atténuent, languissent dans les plaines, lorsqu'on les oblige à y descendre. Les essences mêmes à qui la plaine paraît mieux convenir, tels que le Chêne, le Noyer, le Frêne, l'Orme, transportées dans la montagne, y acquièrent une force, une dureté de fibre extraordinaire. Il est bien connu que les vallées, avec leur ciel tiède et leur sol gras, n'enfantent que des bois mous et débiles. Tous ces arbres, qui croissent avec tant de rapidité et de magnificence sur les rives du Mississipi, n'ont guère plus de vigueur et de durée que notre Peuplier, tandis que les Sapins de la froide Norvège résistent durant de longues années aux vents et aux flots dans la mâture et dans la forte carcasse des vaisseaux. Cette sévère nature des hautes régions agit avec les plantes comme la loi de Lycurgue agissait avec les hommes : elle anéantit tout ce qui est infirme, et fortifie tout ce qui a pu lui résister.

Nulle part cette tendance qu'ont les arbres à s'attacher à la montagne, à y prospérer malgré des conditions en apparence défavorables et même hostiles, ne se montre mieux que dans les Pyrénées orientales, non pas sur le versant français malheureusement, mais sur le revers espagnol. Les nombreux et profonds ravins qui sillonnent ce revers sont garnis de forêts de Chênes-lièges. De vastes surfaces, qui semblaient condamnées par la nature du terrain à une inévitable stérilité, sont ornées d'arbres gigantesques. Leurs racines, semblables à d'énormes câbles, s'étendent en serpentant sur les blocs granitiques, s'enfoncent dans les fissures et dans les bancs rocheux les plus impénétrables, et forment comme une immense charpente du milieu de laquelle s'élève un tronc puissant, qui brave pendant plusieurs siècles la fureur des tempêtes. Les pluies d'automne les plus violentes viennent-elles à bouleverser le terrain, à détacher de grandes masses granitiques? Le Chêne-liège résiste encore sur le roc qui lui sert de support. Ce roc lui-même cède-t-il à l'action impétueuse des eaux? L'arbre ne s'en émeut pas; soutenu par quelques-unes de ses racines, qui trouvent au loin et sous d'autres rochers de solides points d'appui, il tient bon. En vain le torrent coule au milieu de ces racines, les isole, les mine, les menace sans cesse : le Chêne demeure impassible et inébranlable[1].

Les forêts qui tapissent les pentes inférieures des montagnes ne présentent pas de caractère particulier; elles diffèrent peu de celles qui peuvent se rencontrer dans les plaines de la même contrée. Dans les Alpes suisses par exemple, on voit souvent des massifs de Châtaigniers couvrant les premiers étages de la montagne. De loin, quand ces arbres, suffisamment espacés, ont pu se développer librement, on les prendrait pour de simples buissons; à mesure qu'on approche, on reconnaît que ce sont de très grands arbres. Leur cime arrondie, plus large que haute, l'irrégularité de leurs grosses branches, leur tronc court, trapu, noueux, tout sillonné de crevasses profondes, les feraient prendre pour de vieux Chênes. Ramassés sur leur énorme souche renforcée de contre-forts saillants, souvent adossés ou accotés au flanc d'un rocher moussu, ils ont l'air de se retenir pour ne pas glisser sur le sol plus ou moins fortement incliné. Leurs feuilles en forme de fer de lance, raides, dures, parcheminées, bordées de piquants, leurs lourds bouquets de fruits hérissés d'épines, achèvent de leur donner l'aspect de lutteurs armés, se tenant sur la défensive. On peut cheminer jusqu'à la hauteur de 1500 et 2000 pieds sous leur ombrage touffu. Par les interstices de leur branchage

---

1. Voir F. Jaubert de Passa, *Notice sur le Chêne-liège. Annales forestières*, 1842.

on aperçoit, au-dessus de sa tête, le ciel bleu encadré de cimes neigeuses, et souvent, sous ses pieds, comme un autre ciel non moins bleu, qui est un lac.

De nombreuses futaies de Hêtres couvrent les régions moyennes de la montagne. Elles s'élèvent jusqu'à 4000 pieds. Ces arbres se plaisent sur les pentes; ils y dressent avec aisance leurs tiges droites, lisses et claires, supportant un plafond de feuillage. C'est aux bois de Hêtres, — dans lesquels s'introduisent assez souvent l'Érable sycomore, l'Aune, le Bouleau, le Mélèze, — que le montagnard doit de connaître les charmes du printemps, l'épanouissement des bourgeons, le vert tendre des jeunes pousses et le joyeux concert des oiseaux chanteurs. L'éminent naturaliste Tschudi a tracé un gracieux tableau d'une matinée de printemps dans ces forêts des Alpes. « Aussitôt que les nuages rosés de l'Orient annoncent l'approche du soleil, souvent même avant qu'une légère lueur indique à l'horizon l'endroit de son lever, quand les étoiles scintillent encore sur le sombre azur du ciel, le merle se réveille, il secoue la rosée de son beau plumage noir, aiguise son bec, et monte de branche en branche jusqu'au sommet de l'érable qui lui a servi d'abri. Deux fois, trois fois, son cri d'appel retentit au-dessus des arbres, en haut vers les rochers, en bas du côté de la vallée, le long de laquelle se traînent quelques légères vapeurs. Puis, de sa voix métallique et flûtée, il entonne, tantôt avec force et gaieté, tantôt avec un accent profond et plaintif, ses belles et mélodieuses strophes. Bientôt dans toute la contrée les animaux renaissent à la vie. Aux chants du merle succèdent dans les bois les appels répétés du coucou. Dans les profondeurs de la vallée, de minces colonnes d'une fumée bleuâtre s'élèvent au-dessus des cheminées des villages; on entend les aboiements lointains des chiens dans la cour des métairies, les tintements des sonnailles autour des châlets. Les oiseaux sortent de toutes parts de leurs obscures retraites, des buissons, des trous de la terre, des rochers ; tous s'élancent dans les airs pour voir le jour et le soleil, pour louer la bonne mère nature qui leur envoie de nouveau la joyeuse lumière. Pour plus d'un petit oiseau, quel doux réveil après une nuit d'agitation et d'inquiétudes! Le pauvret était blotti sur sa branche, le corps ramassé, la tête cachée dans ses plumes, quand à la clarté des étoiles la hulotte, d'un vol léger, a traversé le feuillage, cherchant une victime; la fouine est montée du vallon, l'hermine est sortie de son rocher, la martre est descendue de son nid d'écureuil, le renard s'est glissé sous la broussaille : la pauvre créature a tout vu, tout entendu; pendant de longues, de tristes heures, la mort a été partout autour d'elle, sur son arbre, dans l'air, sur le sol. Le cœur battant d'angoisse, elle est restée immobile sous la protection de quelques jeunes feuilles de hêtre. Avec quelle joie elle s'élance maintenant hors de son asile et salue le jour qui lui rend la confiance et la sécurité! Le pinson fait retentir ses pures et vigoureuses batteries; le rouge-gorge dit ses douces strophes du sommet d'un mélèze, le tarin du haut d'un buisson d'aunes, le bruant et le bouvreuil dans les broussailles du taillis. En même temps la linotte répète ses trilles, la petite charbonnière et la mésange bleue gazouillent, le troglodyte fredonne ses cadences, le roitelet pépie, la tourterelle roucoule, les pics frappent le bois à coups redoublés. Et par-dessus tous ces bruits dominent la forte voix de la draine, les mélodieux accents de l'alouette des bois et l'inimitable chanson de la grive musicienne. » On remarquera que dans ce concert ne se font entendre ni le rossignol, le roi des chanteurs, ni cet autre charmant virtuose, la fauvette; mais, dit Tschudi, « la bonne volonté et les élans qu'inspire le bonheur de vivre y remplacent la perfection de la voix et la supériorité des talents naturels ».

Mais les véritables forêts alpestres, celles qui s'élèvent

à 5000 et 6000 pieds et dont le caractère sévère s'harmonise avec l'imposante majesté de la montagne, ce sont les forêts de Sapins et de Pins. On ne peut entrer dans ces sombres massifs sans être saisi, dès le premier pas, d'une profonde impression. Tous les arbres se ressemblent, ils ont la même forme, les mêmes teintes; c'est le même arbre qui se répète indéfiniment. Les branches se touchent, se pressent, ne font qu'une seule cime pour toute la forêt. Les rayons du soleil n'y pénètrent pas; la lumière n'y arrive qu'à demi éteinte. Les troncs sont blancs ou paraissent blancs dans cette obscurité. Le sol est revêtu d'une mousse humide et profonde dans laquelle le pied s'enfonce, et que surmontent par places d'innombrables champignons, blancs, jaunes, pourpres, livides. Ici, plus d'oiseaux chanteurs; dans le morne silence de cette nature inanimée éclatent de temps en temps des croassements de corbeaux ou les cris aigus de quelque grand rapace. Le sentier sinueux que l'on suit entre les Sapins est fréquemment coupé par des ruisseaux qui se précipitent en écumant avec un bruit de cascade, et par de larges coulées encombrées de fragments de rochers, de traînées de gros galets, d'amas de terre et de rameaux brisés : une avalanche ou un torrent a passé par là.

A mesure que l'on monte, la forêt s'éclaircit; au delà de la limite de 5500 pieds, les arbres laissent entre eux des espaces de plus en plus grands, et bientôt ne forment plus que de petits groupes disséminés; on arrive enfin à des terrains nus, couverts de pierres, de débris de rochers, ou bien à de vastes pentes tapissées d'une herbe fine et serrée : çà et là, au milieu de ces pâturages escarpés ou de ces arides champs de pierres, se dressent encore quelques Sapins solitaires. L'aspect de ces arbres isolés, sentinelles perdues de la forêt, est tout à fait étrange : on ne sait trop à quelle espèce de végétaux les rattacher; la structure caractéristique du Sapin a disparu en eux. Le *Sapin des orages* (c'est ainsi qu'on l'appelle dans les

Les sapins des hauteurs.

cantons allemands) n'est plus une pyramide régulière, composée d'une tige centrale autour de laquelle s'étagent, à des distances égales, des couronnes de branches diminuant graduellement d'étendue depuis la base jusqu'au sommet. Le tronc a été de bonne heure cassé par la tempête; les branches, au lieu de s'étaler horizontalement, se sont redressées pour le remplacer et ont formé, au lieu d'un seul arbre, un groupe de cinq ou six arbres partant de la même souche. Mais ces branches elles-mêmes n'ont pas été épargnées; celle-ci a été frappée de la foudre, celle-là emportée par le vent, une troisième mutilée par le poids de la neige; celles qui n'ont pas été atteintes ont poussé d'autant plus vigoureusement, ont profité de toute la sève et se sont chargées de masses compactes de feuillage. Des franges de lichen d'un gris verdâtre, longues de plusieurs pieds, se sont attachées aux rameaux morts et pendent de toutes parts. Ce n'est plus là un Sapin, c'est un monceau de branchages et d'aiguilles, c'est une sorte de monticule végétal, qu'assiègent les tempêtes et qui tient bon. Les moutons, les chèvres, les vaches et les hommes viennent y chercher un abri contre les pluies d'orage ou les rafales de neige; on y rencontre quelquefois le chat sauvage et le lynx, qui s'y blottissent pour guetter leur proie. Tels de ces Sapins mesurent plus de 100 pieds de hauteur, et leur tronc principal a 5 et 6 pieds de diamètre. Comme, à ces altitudes, ils croissent avec une extrême lenteur et qu'il leur faut à peu près 100 ans pour acquérir un diamètre d'un pied, il doit y avoir 5 ou 6 siècles qu'ils luttent contre la foudre, les ouragans et les frimas.

Les Pins occupent une place non moins importante dans la végétation forestière des hautes régions alpines. Ils parviennent à subsister sur d'arides éboulis de cailloux, dans des fentes de rochers, sur des parois de granit. On conçoit qu'ils ne s'y développent qu'avec peine et très lentement. En abattant un de ces arbres (un Pin à cro-

chets), on vit avec surprise que, n'ayant que 35 pieds de
hauteur, il comptait déjà 350 couches annuelles. Un
autre (un Pin cembro), dont la taille dépassait de peu
celle du bûcheron qui le coupait, avait cependant atteint
l'âge respectable de 70 ans. Ces Pins se trouvent généralement, soit isolés, soit groupés en bouquets plutôt qu'en
massifs continus.

C'est à une espèce de Pin, le Pin nain, qu'il appartient d'égayer d'un peu de verdure les sommets désolés
de la montagne, les tristes abords des neiges éternelles.
Il s'établit sur les talus les plus escarpés, il tapisse les
parois presque verticales, il s'aventure sur le bord des corniches et se suspend au-dessus de l'abîme. Aucun autre
arbre ne lui dispute ce dangereux domaine.

L'aspect du Pin nain, que l'on appelle aussi Pin rabougri, est des plus étranges. Il ne se dresse pas vers le
ciel comme les autres arbres, il s'étale sur le sol ; il y
rampe ; il projette en tous sens, sans ordre, sans symé-
trie, des rameaux qui se tordent comme des serpents et
forment, en s'entrelaçant, un fouillis inextricable, que
le regard le plus patient se fatiguerait à vouloir démêler.
Plus le terrain sur lequel il croît est incliné, plus il s'y
couche et s'y colle ; là où le sol devient à peu près plat,
il relève ses branches (pas bien haut, à une quinzaine de
pieds tout au plus), et tourne vers le ciel ses beaux bouquets de longues aiguilles d'un vert foncé. Quand il se
trouve sur l'arête d'un rocher qui surplombe, il déploie
les ramifications les plus extraordinaires, tortueuses,
contournées, enroulées en spirale, et qui se balancent
hardiment au-dessus d'effroyables précipices. C'est là que
les intrépides petits chevriers, tandis que leur troupeau
paît sur la rampe voisine, viennent s'amuser à faire des
tours d'acrobate dans le vide, sur les branches flexibles
de ces vigoureux arbustes[1].

1. Berlepsch, *les Alpes*.

Quelquefois les Pins rabougris couvrent sans interruption d'assez vastes étendues. Ces fourrés, véritables forêts naines, sont tellement serrés qu'il semble que l'on pourrait marcher sur leur cime comme sur un tapis, sans y enfoncer. Les bêtes sauvages abondent dans ces impénétrables retraites. L'ours poursuivi par les chasseurs s'y réfugie et y trouve son salut. La martre y vient chasser. C'est la retraite favorite du lièvre blanc et du coq de bruyère; au printemps, la perdrix des neiges y fait son nid, dans le voisinage des névés.

Ces diverses forêts, pour un pays aussi accidenté et aussi peuplé que la Suisse, ne sont pas seulement un ornement, ni une source de produits utiles; elles sont avant tout une protection, elles sont une condition de sécurité et même d'existence pour les habitants. Elles donnent la stabilité à un sol qui tend toujours à se déplacer et à se niveler : en plongeant leurs innombrables racines dans la couche de terre végétale qui recouvre le roc et jusque dans les fentes du roc lui-même, elles fixent cette couche de terre et l'empêchent de glisser, ce qu'elle ne manquerait pas de faire quand elle serait amollie par les pluies[1]. En outre, les forêts opposent une barrière à l'invasion des rochers et des pierres qui sans cesse se précipitent des hauteurs; sans ces palissades naturelles, les maisons seraient bombardées, les hommes et les bestiaux lapidés, les pâturages et les champs ra-

1. « On n'a que trop d'exemples à citer des tristes suites de certaines coupes de bois, surtout lorsqu'on arrache les racines. Le village de Tschappina, dans la vallée grisonne de Domlesch, n'est plus stable ; chaque année les fonds de terre changent de position et de dimension, et l'on craint toujours qu'une catastrophe ne vienne engloutir ce hameau. Les habitants vivent dans cette terrible inquiétude, avançant avec leurs demeures vers le bas de la pente. Tel fut aussi le sort du village de Buscrein, dans le Prettigau. Après la coupe d'une grande forêt, le sol commença à se mouvoir : des couches de gazon s'entassaient les unes sur les autres, des arbres étaient parfois renversés tout à coup, lorsque, le 18 mars 1805, la moitié du village s'écroula. » (Berlepsch, *les Alpes*.)

vagés par ces projectiles. Enfin les grands massifs d'arbres servent encore, non pas, comme on l'a dit, à arrêter les avalanches dans leur course, — les avalanches une fois lancées ne se laisseraient pas briser par un tel obstacle, elles l'auraient bientôt renversé et emporté, — mais à les empêcher de se former : ils retiennent en place les neiges tombées pendant l'hiver, ils ne leur permettent pas de se détacher du sol, de glisser, de s'accumuler et de s'écrouler par masses énormes sur les pentes inférieures et les vallées [1].

Les montagnards ont de tout temps reconnu les services que leur rendent les forêts; ils ont généralement respecté leurs bienfaitrices, quelquefois jusqu'à les croire animées d'une vie surnaturelle et à s'interdire, comme un sacrilège, d'y couper un seul rameau. Schiller, dans son *Guillaume Tell*, fait demander au jeune Walther s'il est vrai que les arbres de la montagne soient enchantés, qu'ils saignent quand on les frappe avec la hache et que la main de celui qui les blesse sorte de la fosse après la mort, ainsi que l'assure un vieux berger. « C'est la vérité, répond Guillaume à son fils. Un charme réside en eux. Tu vois ces sommets tout blancs de neige qui se perdent dans les nues : il y a longtemps que les avalanches auraient englouti le bourg d'Altorf, si la forêt n'était pas là, comme une garde avancée, pour le protéger. » Aujourd'hui, dans chaque canton, la loi, au nom de l'inté-

---

1. Dans quelques hautes vallées du Valais, selon Tschudi, les paysans ont trouvé un ingénieux moyen de fixer les avalanches. Ils se rendent, au commencement du printemps, dans les endroits où elles se forment d'ordinaire, et ils plantent sur toute la surface inclinée de grands pieux qui empêchent la masse de se détacher au moment de la fonte. Ils créent ainsi une sorte de forêt artificielle. Bien plus, on a fait la remarque que certaines avalanches périodiques ne se produisent pas, toutes les fois que l'on n'a pas pu faucher les gazons où elles prennent leur origine. Les chaumes longs et desséchés qui sont restés en place et que la gelée a durcis suffisent pour fixer les neiges.

rêt public, défend de défricher et d'endommager les bois
dont la conservation a été jugée nécessaire.

Malheureusement ces précieuses et vaillantes forêts ne
sont pas toujours les plus fortes dans la lutte qu'elles
ont à soutenir contre leurs redoutables ennemis, les avalanches, les débordements de torrents, les éboulements
du sol. Ce ne sont pas les avalanches ordinaires, celles de
neige compacte, dont elles ont le plus à souffrir : celles-
ci se produisent tous les ans, à époque fixe, au retour de
la saison chaude, et elles ont leurs couloirs, leurs lits
tout faits, suffisants pour les contenir et d'où généralement elles ne s'écartent pas. Les avalanches de neige fraîchement tombée, dites *avalanches de poudre*, fortuites, va-
gabondes, font de bien plus grands dégâts : un vaste et
épais tapis de neige pulvérulente glisse sur le sol incliné, il
entraîne avec lui d'autres couches neigeuses, grossit, se précipite avec une rapidité croissante, en roulant d'énormes
vagues qui se pourchassent et se surmontent les unes les
autres. L'avalanche a atteint la lisière de la forêt ; elle
s'y engouffre avec un fracas de tonnerre. Elle renverse,
elle brise, elle broie tous les arbres placés sur son passage. Ce n'est pas tout ; un courant d'air d'une extrême
violence, une véritable trombe accompagne sa course ver-
tigineuse ; il l'escorte à droite et à gauche sur une largeur de plusieurs centaines de pas et il balaye tout ce
qu'il rencontre ; il déracine, lui aussi, des milliers d'arbres, il les emporte, il les fait tourbillonner dans les
airs, comme des fétus de paille, avec des châlets, des
granges, des hommes, des animaux, et les jette dans le
fond de la vallée, ou même par delà, sur le versant d'une
autre montagne située en face. En dehors de la trouée
faite par cet ouragan, pas une feuille n'a remué dans les
ramures de la forêt.

Les torrents débordés ne sont pas moins destructeurs.
Dans les montagnes, en été, les pluies sont fréquentes et
violentes, et il suffit d'un orage pour changer en quel-

ques heures de paisibles ruisseaux en torrents furieux.
Quand ceux-ci suivent les lits qu'ils se sont précédem-
ment creusés, — ce sont quelquefois des ravins profonds
de 60 et de 100 pieds, — il n'y a pas à craindre de nouveaux malheurs; mais souvent les blocs de rochers, les cailloux, la terre, le sable qu'ils charrient, s'entassent dans
un passage plus resserré et forment un barrage; alors, si
les habitants, prévoyant le danger, n'accourent pas avec
des pioches, des pelles, des crocs, pour démolir l'obstacle,
les eaux se jettent de côté et se précipitent n'importe où,
sur un hameau, au milieu des pâturages, au travers d'une
forêt : après l'orage, l'énorme amas de décombres qui
recouvre les herbages de la vallée est tout hérissé de
grands troncs de Mélèzes et de Sapins. Quelquefois ce
n'est pas seulement de l'eau que roule le torrent; il entraîne de la terre délayée, des roches molles et désa-
grégées à l'état de limon, et les dévastations de ce fleuve
infernal, épais, noir, affreux, n'en sont que plus terribles. De Saussure a vu l'un de ces torrents de boue
près de Chamouny au mois d'août 1767, et il le décrit en
ces termes : « Un danger fort extraordinaire est celui
d'être surpris par des torrents qui se forment subitement
dans la vallée de Chamouny et descendent avec une violence incroyable du haut des montagnes qui sont à droite
de l'Arve. Ces montagnes, presque toutes d'ardoise, et en
plusieurs endroits d'ardoise décomposée, renferment des
espèces de bassins fort étendus, dans lesquels les orages
accumulent quelquefois une immense quantité d'eau. Ces
eaux, lorsqu'elles parviennent à une certaine hauteur,
rompent tout à coup quelqu'une des parois peu solides de
leurs réservoirs, et descendent alors avec une impétuo-
sité terrible. Ce n'est pas de l'eau pure, mais une espèce
de boue liquide, mêlée d'ardoise décomposée et de fragments de rochers. La force impulsive de cette bouillie
dense et visqueuse est incompréhensible; elle entraîne
des rochers, renverse les édifices qui se trouvent sur son

Une avalanche.

passage, déracine les plus grands arbres, et désole les campagnes en creusant de profondes ravines et en couvrant les terres d'une épaisseur considérable de limon, de gravier et de fragments de roc. Lorsque les gens du pays voient venir ce torrent qu'ils nomment le *Nant sauvage*, ils poussent de grands cris pour avertir ceux qui sont au-dessous de fuir loin de son passage…. On ne peut pas imaginer un spectacle plus hideux : ces ardoises décomposées forment une boue épaisse dont les vagues noires rendent un son sourd et lugubre, et, malgré la lenteur avec laquelle elles semblent se mouvoir, on les voit rouler des troncs d'arbres et des blocs de rochers d'un volume et d'un poids considérables. » Un autre observateur a comparé le torrent ordinaire, bouillonnant, écumeux, bondissant en mille cascades, à un noble coursier effleurant à peine le sol dans sa course rapide, et la sinistre avalanche de vase à un pesant taureau qui, dans son aveugle fureur, s'en va la tête baissée, labourant le sol de ses cornes, et finit par rouler et s'abattre dans l'abîme.

Contre les éboulements du sol la forêt est encore plus impuissante. Il faut bien qu'elle tombe avec le terrain qui la supporte. Ce sont les pluies fortes et prolongées qui sont la cause de ces accidents, et elles les produisent spécialement sur les montagnes revêtues d'un sol superficiel de formation sédimentaire, facile à dissoudre, tel que la marne, reposant sur un fond rocheux compact, incapable d'absorber l'eau. Ce sol a beau être recouvert de blocs, de plaques de grès ou de brèche, la pluie s'insinue dans tous les intervalles, s'infiltre dans toutes les fissures, se répand et s'amasse dans la couche perméable, qui s'imbibe peu à peu tout entière et se délaye : alors elle glisse, elle coule en quelque sorte, et les rochers, les arbres qu'elle portait, n'ayant plus de soutien, sont entraînés par leur propre poids.

Les petits éboulements ne sont pas rares ; il n'y a pas

d'année où il ne s'en produise en divers endroits. « Ils témoignent clairement, dit Tschudi, de cette lente et continuelle décomposition qui infailliblement fera un jour des Alpes un vrai chaos. » Les grands éboulements, véritables écroulements de montagnes, sont d'épouvantables catastrophes ; en quelques instants, ils changent la face d'une région et font périr des populations entières. Tel fut celui du Rossberg, qui en 1806 détruisit les villages de Goldau, de Roetten, de Busingen et de Lowertz, dans le canton de Schwytz[1]. Ce désastre, dont les vieillards d'Arth et des environs peuvent avoir été témoins dans leur enfance, est encore le sujet de douloureux souvenirs et de récits émouvants. M. Berlepsch l'a raconté d'une façon à la fois exacte et pittoresque : « Les années 1804 et 1805 avaient été très pluvieuses. La suivante le fut encore davantage, particulièrement au mois d'août et au commencement de septembre, où tombèrent des pluies torrentielles ; c'était à redouter un nouveau déluge.

« L'aspect d'une plaine inondée ou dont le sol est détrempé à la suite d'une saison humide est déjà fort triste, mais il est loin d'être aussi lugubre que celui d'une contrée montagneuse ravagée par l'eau. L'image de la destruction se montre dans les vallons, dans les forêts et sur toutes les pentes. De tous côtés des torrents roulent leurs flots boueux ; ils entraînent sur leur passage la terre et les pierres ; ils lavent et rendent luisante la surface ordinairement terne des rochers. Alors apparaissent, suspendues au-dessus des pentes abruptes, les racines dénudées des genévriers et d'autres arbrisseaux, des Sapins et des Mélèzes, des Érables et des Aunes. L'eau, pénétrant dans

1. On cite encore l'éboulement du *Conto* qui, en 1618, engloutit le bourg de Plurs et le village de Scilano avec 2450 habitants, ne laissant qu'une seule maison debout et trois personnes vivantes, et ceux des *Diablerets*, en 1714 et en 1749, qui couvrirent les Alpes de Chéville et de Leyton d'une masse de décombres de plus de 500 pieds de hauteur.

les fentes des rocs, a emporté les couches du terrain qui les supportait, et ces arbres, naguère si vigoureux, s'inclinent ou se couchent tristement sur le sol. Leur écorce, pénétrée d'humidité, a perdu sa couleur brune et est devenue noire.... Dans les prairies, les touffes de fougère, les plus humbles plantes n'ont plus la force de se soutenir; elles gisent, languissantes et décolorées, sur la terre ruisselante.... Un sombre linceul recouvre tous les hauts sommets, et intercepte le peu de lumière que l'horizon borné laisse pénétrer en temps ordinaire dans la vallée. Les parois qui l'entourent disparaissent sous un dais de nuages, qui plane comme un mauvais génie sur la contrée.

« Tel était l'aspect du vallon de Goldau lorsque tout à coup, dans l'après-midi du 2 septembre, la pluie redoubla d'intensité. Au point du jour, les bergers qui se trouvaient au Spitzenbühl et au Gnypenberg, sur les flancs du Rossberg, remarquèrent de larges crevasses qui venaient de s'ouvrir. A certaines places, le gazon formait des couches entassées les unes sur les autres, et dans les forêts voisines on entendait des craquements continus, comme si les racines eussent été brisées par une force souterraine. En même temps des fragments de brèche se détachaient des flancs de la montagne; mais comme les habitants étaient habitués à ces chutes et à ces bruits souterrains, leur sécurité ne fut pas troublée, et ils supposèrent seulement qu'il se produisait quelque part un glissement de terrain. Cependant d'heure en heure les fragments de rochers bondissaient toujours plus nombreux dans toutes les directions, l'air était dans une violente agitation et le sol tremblait sur un immense espace. Tous ceux qui étaient occupés aux travaux des champs, à la garde des troupeaux ou à la coupe du bois, tournaient toujours leurs regards inquiets vers la cime du Rossberg.

« Un peu avant cinq heures du soir, on vit apparaître

soudain au milieu de la pente une forte crevasse qui se
divisa et se prolongea dans tous les sens. Le gazon semblait retourné sur lui-même comme par une immense
charrue. Un mouvement semblable se fit remarquer en
même temps dans la forêt voisine. Les hautes tiges des
sapins, ébranlées par une main invisible, étaient agitées

Le village de Goldeau avant l'éboulement.

comme les épis d'un champ de blé que le souffle du
vent fait ondoyer. Les oscillations devenant toujours plus
fortes, les troncs et les branches se heurtèrent les uns
contre les autres, et bientôt tous les hôtes emplumés des
bois, les corbeaux, les corneilles, les faucons, s'élan-
cèrent en volées nombreuses et avec un concert de cris
lugubres du côté du Rigi[1]. Un instant après, tout le sol

1. Le versant oriental du Rigi est séparé du Rossberg par la vallée

semblait soulevé par des troupes de gigantesques taupes ;
en quelques secondes le terrain du haut de la montagne
se mit à glisser, lentement d'abord, puis avec une rapidité toujours croissante. A en croire les pâtres témoins
de cet effroyable désastre, les Sapins, qui résistèrent
quelque peu avant d'être emportés, présentaient à peu

L'éboulement de Goldau.

près l'apparence de cheveux que l'on peignerait dans le
sens opposé à leur direction habituelle.

« Peu de moments suffirent pour que le phénomène
s'étendît de tous côtés : les pâturages, les vergers, les
champs, les maisons avec les êtres animés qui s'y trouvaient furent entraînés à leur tour. Les habitants, sentant

de Goldau, limitée à ses deux extrémités par le lac de Zug et par
celui de Lowers. La moitié de ce dernier a été comblée par l'éboulement du Rossberg.

7.

le sol remuer et se dérober sous leurs pas, s'enfuirent pleins de terreur. A peine avaient-ils aperçu le danger, qu'un épouvantable craquement se fit entendre, comme si la terre eût été bouleversée jusque dans ses fondements. Une masse de plusieurs millions de toises, chargée de forêts, et une haute paroi de rochers, appelée Gemein-de-Maercht, se détachait du revers de la montagne et se précipitait sur la plaine. Ce fut le moment suprême; la scène qui se passa alors est peut-être sans pareille dans la tragique histoire des cataclysmes. Rocs, terre, gazon, arbres et buissons bondissaient en tourbillonnant et en soulevant d'épais nuages de débris, du côté de Goldau. Les fragments éboulés luttaient de rapidité et de fureur, tout croulait, et cet affreux pêle-mêle semblait annoncer la fin du monde. Des blocs de grandeur colossale, quelques-uns encore couverts de Sapins, traversaient les airs comme des projectiles lancés par quelque machine infernale; d'autres, obus formidables, ricochaient sur la terre, semblaient ralentir un instant leur course furibonde, puis s'élançaient de nouveau dans l'espace avec un bruit comparable à celui du tonnerre; d'autres encore, se heurtant dans leur chute, volaient en éclats et se dispersaient au loin.

« A cette époque, toute la pente du Rossberg, presque jusqu'au sommet, était couverte d'habitations; au pied de la montagne étaient groupés les riches villages de Goldau, de Busingen et de Lowers, contenant une population active et heureuse. Tout fut détruit. Le nombre des victimes fut de 447; les unes restèrent ensevelies sous les ruines, les autres moururent de leurs blessures[1]. »

L'éboulement du Rossberg fut un malheur irréparable; la vallée de Goldau n'est plus qu'un amas de ruines, un vaste chaos de roches innombrables, de toutes dimensions, de toutes formes, tantôt rangées côte à côte, tantôt

1. Berlepsch, *les Alpes.*

superposées, entre lesquelles serpentent des ruisseaux ou
s'étalent des mares couvertes de roseaux et de joncs; les
maisons et les cultures sont chassées à jamais du sol
qu'elles occupaient. C'est la forêt qui, seule, peut venir
au secours de cette contrée désolée, et elle s'y montre
déjà; elle est à l'œuvre; il lui faudra beaucoup de temps,
des siècles peut-être, car le terrain est des plus ingrats;
mais elle est patiente, et elle achèvera ce qu'elle a commencé. On voit aujourd'hui des buissons, des arbrisseaux
et même de jeunes Sapins pointer çà et là sur les rochers;
en bien des endroits, la teinte grise de la pierre disparaît sous une riante verdure ; un jour, on ne trouvera
plus aucuns vestiges de l'écroulement du Rossberg ; les
voyageurs ne les chercheront même plus, ils viendront
visiter les roches pittoresques et les beaux Sapins de la
forêt de Goldau.

CHAPITRE VI

En Suisse, tous les ruisseaux, toutes les rivières, avant d'avoir atteint le fond plat des vallées, sont nécessairement des torrents, et ces torrents remplissent une fonction d'une haute importance. Ce sont eux qui, tirant leurs eaux des immenses réservoirs des neiges éternelles et des glaciers, conduisent ces eaux comme ils peuvent, à travers mille obstacles, au bas des montagnes et les versent dans plus de cent lacs où elles se rassemblent, s'apaisent, pour s'en aller ensuite vers les quatre points cardinaux former des fleuves et donner à l'Allemagne le Rhin et le Danube, à la France le Rhône, à l'Italie le Pô et l'Adige.

Les torrents ne sont pas nécessairement nuisibles. Beaucoup d'entre eux, malgré leur fracas, leurs bouillonnements, leur écume, malgré leur apparente fureur, sont pacifiques et ne font aucun mal. Quand ils sont violents, ils se jettent hors de leur lit, ou plutôt n'ont point de lit fixe et causent des ravages. On peut affirmer que le déboisement des hauteurs d'où ils descendent en est la cause. Ce déboisement est l'œuvre des hommes. C'est un fait constaté que les cantons de la Suisse qui ont le plus respecté leurs forêts, sont les plus épargnés, et que ceux qui ne les ont pas ménagées sont déplorablement dévastés. On a vu en plus d'un endroit, à la suite du défrichement d'une surface boisée, un torrent, jusqu'alors inoffensif, changer tout à coup de caractère et devenir dangereux.

Il est certain que l'on rencontre en Suisse, à des hauteurs qui dépassent de beaucoup la limite actuelle des bois, soit de grands arbres, Pins, Sapins ou Mélèzes, isolés au milieu de déserts pierreux, soit d'énormes souches desséchées, vénérables représentants d'anciennes forêts aujourd'hui disparues. C'étaient ces forêts-là, voisines des sommets, qui pouvaient exercer une action modératrice sur les torrents, dont elles possédaient les sources; elles ont été massacrées, dilapidées par les bergers et par les troupeaux, vendues à vil prix, données pour ainsi dire à des spéculateurs étrangers, ou bien brûlées exprès[1]. On les regrette aujourd'hui.

Mais c'est surtout dans les Alpes françaises que le déboisement et ses funestes effets frappent tous les yeux. Là comme ailleurs, deux forces ennemies se disputent la montagne, l'une de destruction et de ruine, l'eau, qui démolit les sommets, ravine les versants, comble les vallées; l'autre de conservation et de salut, qui est la végétation. Autrefois, dans la lutte de ces deux forces rivales, la végétation avait le dessus; elle est vaincue aujourd'hui, par la faute de l'homme. Les eaux sont les

---

1. C'est dans les Grisons, — d'après une note du traducteur de l'ouvrage de Tschudi, — que ces dilapidations se sont exercées sur la plus grande échelle. Il y a une quarantaine d'années, une des communes de ce canton vendit pour 30 000 francs à des marchands étrangers une forêt qui, après expertise, se trouva en valoir plus de 700 000. Dans l'Engadine, telle commune, pour augmenter ses pâturages, voulut *donner* de grandes étendues de terrain à la seule condition qu'elles seraient complètement déboisées en un petit nombre d'années, et comme personne ne fut tenté par son offre, elle eut recours à un moyen expéditif : elle mit le feu à ses forêts.

maîtresses, elles ont le champ libre et font tout ce qu'elles veulent; ce ne sont plus d'utiles ruisseaux arrosant et fertilisant la montagne, ce sont des torrents déchaînés qui la ravagent.

C'est dans les départements des Hautes-Alpes et des Basses-Alpes, dans le premier surtout, que l'œuvre dé-

Ravin creusé par un torrent.

vastatrice des torrents s'accomplit avec le plus de violence. Quand on parcourt les vallées où coule la Durance, ou bien la route qui conduit de Gap à Embrun, on voit de tous côtés les flancs des montagnes dénudés, comme rongés par une sorte de lèpre, crevassés du haut en bas. Si l'on observe de plus près ces érosions et ces déchirures, on reconnaît que ce sont des ravins, des gorges don la profondeur dépasse quelquefois 100 pieds. Sur les bords, à droite et à gauche, le sol, miné par les eaux, s'effondre ; au delà, des lambeaux de montagne, portant des pâturages et des champs cultivés, commencent à s'affaisser. Plus loin encore, de longues fentes parallèles au lit du torrent annoncent le futur glissement de nouvelles bandes de terrain. Ces dislocations du sol s'étendent à des distances incroyables : à 1000 mètres, on trouve des maisons qui ont perdu leur aplomb et dont les murs sont entr'ouverts ; elles sont vides ; les habitants ont dû les abandonner.

Au pied de la montagne, à l'issue de la gorge par où descendent les eaux, s'étale une sorte de plage aride, bombée au milieu, ou plutôt légèrement conique, se déployant en éventail : c'est l'amas des débris, cailloux, galets, quartiers de rocs, que le torrent a arrachés aux parois du mont et qu'il a vomis là. Ces dépôts sont énormes ; ils forment des monticules aplatis qui parfois couvrent trois quarts de lieue et dont le point culminant s'élève à 70 mètres au-dessus du niveau de la plaine. Il y a des routes qui, sur tout leur parcours, sont de place en place coupées par ces vastes tas de décombres ; il faut traverser ces lits de pierraille. En été, la voie est indiquée par les sillons qu'ont tracés les roues des charrettes ; mais en hiver, quand un uniforme tapis de neige a recouvert la terre et que tout se confond dans l'universelle blancheur, comment distinguer le chemin ? Le regard cherche en vain un point de repère, une habitation, un arbre ; on s'égare, on tombe dans des fondrières. Il va sans dire qu'au moment où survient une crue, le passage devient impraticable ; la route disparaît, noyée sous des vagues bouillonnantes et à demi solides d'eau, de boue et de cailloux ; les voitures publiques s'arrêtent, rebroussent chemin ; il faut, par un long travail, déblayer la voie, que la crue prochaine obstruera de nouveau.

Ces crues sont fréquentes. Les unes se produisent régulièrement à époque fixe, au commencement de juin, moment de la fonte des neiges ; comme on s'y attend, on se tient sur ses gardes. Les autres proviennent des pluies d'orage, en été et surtout vers la fin de l'été. Celles-ci sont soudaines, impossibles à prévoir et d'autant plus dangereuses. Tout à coup un mugissement sourd retentit dans l'intérieur de la montagne et un vent subit, extrêmement violent, se met à souffler. Peu d'instants après, le torrent paraît, roulant et poussant devant lui un amas de cailloux et de branchages. La colonne d'air qu'il a déplacée et qui le précède soulève des tourbillons de poussière, emporte des pierres et des quartiers de rochers, et l'on voit souvent, chose étrange! de gros blocs partir, voler dans les airs avant que les eaux soient arrivées et même qu'elles soient visibles.

Les montagnards vivent dans une perpétuelle crainte de ces torrents, qui fondent à l'improviste sur eux, les pillent, les ruinent, les affament, et auxquels, comme pour se venger, ils donnent des noms sinistres, tels que ceux d'Épervier, de Malfosse, de Malcombe, de Malpas, de Rabioux (Enragé), de Bramafam (Hurle-faim). Dans la saison des orages, ils ont à tout moment les yeux levés vers les cimes qui dominent leurs demeures, et si des nuages noirs s'y amassent, l'alarme se répand dans les villages. Beaucoup d'entre eux ont quitté l'ingrat pays d'où la sécurité est bannie et qui de plus en plus refuse de les nourrir. On a constaté que les deux départements des Alpes qui, à la fin du siècle dernier, possédaient une population de 400 000 âmes, n'en ont plus aujourd'hui que 280 000 ; c'est à peine 22 habitants par 100 hectares. Dans les Basses-Alpes, l'étendue des terres cultivées était, en 1842, de 99 000 hectares ; en 1852, elle était réduite à 74 000 : 25 000 hectares avaient été ravagés et abandonnés dans l'espace de dix ans.

Cette ruine de toute une région de la France avait été signalée depuis longtemps, et la cause en avait été dé-

Un torrent pendant l'orage.

noncée. Déjà, en 1797, un ingénieur, Fabre[1], accusait l'imprévoyance des habitants des Basses-Alpes, qui perdaient leur pays en le déboisant. En 1806, M. Héricart de Thury[2] écrivait au sujet de la vallée d'Embrun : « Dans ce magnifique bassin la nature avait tout prodigué. Les habitants ont joui aveuglément de ses faveurs. Ingrats, ils ont porté inconsidérément la hache et le feu dans les forêts qui ombrageaient les montagnes escarpées, source ignorée de leurs richesses. Bientôt ces pics décharnés ont été ravagés par les eaux. Les torrents se sont gonflés ; ils sont tombés avec fureur sur les plaines ; ils ont coupé, arraché, ruiné leurs bases. Des terrains immenses ont été enlevés ; d'autres ont été engravés ; ceux-ci sont recouverts de rochers, ceux-là n'offrent plus qu'un gravier stérile. Bientôt les torrents auront anéanti ce beau bassin, qui naguère pouvait être comparé à tout ce que les plus riches contrées possèdent de plus fertile et de mieux cultivé. » Depuis, plus d'un avertissement a été adressé à l'opinion publique, plus d'un appel à l'intervention de l'État par des ingénieurs, par des fonctionnaires des Eaux et Forêts, par les administrateurs des départements dévastés. L'un de ces derniers[3], dans un rapport au ministre, disait : « Si des mesures promptes et énergiques ne sont pas prises, on peut presque préciser le moment où les Alpes françaises ne seront plus qu'un désert ; dans un demi-siècle, la France comptera des ruines de plus et un département de moins. »

On ne restait pas tout à fait inactif. On cherchait à se défendre contre les torrents. Ne pouvant les supprimer, on s'efforçait du moins de les contenir. Ici les habitants, là des ingénieurs de l'État les enfermaient entre des mu-

1. Fabre est l'auteur d'un *Essai sur la théorie des torrents et des rivières.*

2. Auteur de la *Potamographie des cours d'eau du département des Hautes-Alpes.*

3. M. de Bouville, préfet des Basses-Alpes.

railles comme dans un canal. Mais alors, ne pouvant plus ronger leurs berges, les eaux s'attaquaient avec d'autant plus de fureur au fond de leur lit; elles le fouillaient, le creusaient toujours plus profondément. Les propriétés riveraines se trouvaient protégées, mais le torrent n'en charriait pas moins des matières qu'il déposait au bas de la pente, et, si l'on prolongeait l'endiguement, il allait se décharger dans les rivières, qu'il encombrait d'alluvions, de sorte que ces cours d'eau, dont le lit s'exhaussait tout à coup, divaguaient, se lançaient impétueusement dans les terres et y portaient la dévastation; le mal n'était nullement conjuré, il était déplacé et même aggravé.

On employait encore un autre moyen : on coupait le lit du torrent par des murs transversaux. Ces barrages avaient un double but : retenir le sol, et ralentir la descente des eaux. Ils étaient ordinairement construits en pierres sèches, convexes vers l'amont pour opposer plus de résistance au courant, profondément enracinés dans les deux rives, et fortifiés à leur base, du côté de la chute, par d'épais enrochements, afin de supporter le choc des eaux et d'éviter les affouillements. Ces murs peuvent être efficaces sur les pentes douces, pour garantir une certaine longueur de terrain; mais, sur les pentes rapides, il faudrait les multiplier, les entasser en quelque sorte les uns sur les autres, ce qui occasionnerait des dépenses hors de proportion avec les résultats obtenus, et d'ailleurs ces chutes si rapprochées seraient peu utiles : elles ne sauraient amortir la fougue du torrent[1].

Enfin un livre parut, qui s'empara de la question des

1. L'ingénieur Fabre, qui recommande ces barrages, dit : « Ce moyen réussit à souhait dans tous les torrents naissants. et qui n'ont pas creusé bien profondément leur lit. L'expérience nous en garantit le succès. Mais il n'en est plus de même lorsque les torrents ont pris des accroissements considérables et qu'ils ont creusé de profonds vallons : dans ce cas, on peut regarder leur destruction comme impossible. »

torrents, l'exposa avec une clarté saisissante et la résolut avec hardiesse. Ce livre, qui fait encore autorité et qui est demeuré classique, l'*Étude sur les torrents des Hautes-Alpes*, par M. Surell, ingénieur des ponts et chaussées, n'est pas seulement un ouvrage technique ; c'est un plaidoyer éloquent, chaleureux, qui convainc et entraîne : l'auteur entreprend de provoquer la régénération de nos montagnes ; il la déclare nécessaire, possible, certaine ; avec la confiance et l'enthousiasme de la foi, il l'annonce, il la proclame d'avance.

M. Surell recherche d'abord dans quelles conditions se forment les torrents. Pénétrons avec lui dans une de ces forêts de Sapins et de Mélèzes qui tapissent encore en quelques endroits les flancs de la montagne, et où la hache a pratiqué des coupes ou des éclaircies longitudinales. Sur le sol de ces parties dépouillées de bois, que remarquons-nous ? La terre végétale a disparu, elle a été entraînée par les eaux ; un sillon y est tracé, d'abord peu marqué, puis plus profond, plus large, et qui enfin devient un véritable lit de torrent. Dans les bandes intermédiaires où les arbres ont été épargnés, l'aspect du terrain est tout différent ; c'est le même sol, exposé de même, non moins incliné, souvent très escarpé, mais uni, intact, sans aucune déformation causée par l'eau. « En parcourant la forêt, on traverse ainsi une succession de zones dont l'opposition est frappante. On peut même saisir jusqu'aux nuances qui séparent les contrastes. On remarque des ravins naissants dans les parties où les souches clair semées accusent un déboisement récent. On trouve des torrents complets là où les indices du terrain et les renseignements des habitants accusent des déboisements plus anciens. » La conclusion se pose d'elle-même, et elle est irrécusable. La présence d'une forêt sur un sol empêche que des torrents s'y forment ; la destruction d'une forêt livre le sol en proie aux torrents.

Cette action protectrice de la forêt sur le terrain qui la porte se comprend sans peine. Lorsque de grands arbres se sont établis sur un sol, les racines le consolident en l'enserrant dans le réseau de leur chevelu ; leurs branches l'abritent, comme un toit, contre le choc violent des ondées ; leurs troncs, ainsi que les rejetons, les broussailles, les herbes, les plantes de toute espèce qui poussent à leurs pieds, opposent mille obstacles aux courants qui tendraient à le raviner ; ils divisent ces courants, les dispersent, les empêchent de se réunir dans les endroits plus creux, ce qui arriverait si l'eau courait librement sur une surface dénudée et lisse. Enfin la couche d'humus spongieux qui revêt le roc boit avidement une partie de cette eau ; le reste, diminué, amorti, s'écoulera paisiblement.

Accumulons les faits, les preuves jusqu'à ce que l'évidence éclate. Jadis le Dévoluy[1], situé dans l'ouest du département des Hautes-Alpes, était un pays fertile, peuplé, prospère. Les chaînes de montagnes qui enserrent la vallée étaient boisées, on le sait, et d'ailleurs tout l'atteste : on déterre dans les tourbières des troncs d'arbres ensevelis, et les charpentes des vieilles habitations contiennent des pièces de bois énormes que la contrée serait aujourd'hui incapable de fournir. Où sont les belles forêts d'autrefois ? Le regard les cherche en vain. On n'aperçoit plus que des cimes chauves, des pentes nues, sans ombre, sans verdure, uniformément grisâtres, écorchées, décharnées par les eaux, et, dans les vallées presque désertes, des monceaux de décombres. Le sol, formé par la décomposition de roches tendres, est tellement mobile qu'il coule avec les moindres

---

1. On a fait dériver ce nom de *devolutum*, synonyme d'écroulement, dit M. Élisée Reclus, et, ajoute-t-il, l'aspect de ces affreux précipices, de ces énormes talus, de ces blocs amoncelés dans les vallées, de ces gorges d'érosion sciées par les torrents dans ces amas de débris, sembleraient justifier cette opinion.

pluies ; celles-ci, ruisselant en nappes libres, délayent et
entraînent des pans entiers de montagne. Chaque orage
fait surgir des torrents nouveaux, si nombreux, si im-
prévus, qu'ils ne portent même pas de noms. Les villages risquent à tout moment d'être subitement détruits
et remplacés par des ravins sauvages. « On voit, disséminées çà et là, les traces d'anciennes cultures, dont les
limites sont encore dessinées par des murs grossiers en
pierres sèches, mais que l'homme a dû abandonner depuis
longtemps. On imaginerait difficilement quelque chose
de plus affligeant et de plus significatif que la vue de
ces murs, délimitant des héritages qui n'existent plus. »

Si la démonstration de l'influence des forêts sur les
torrents avait besoin d'être complétée, elle le serait par
le fait suivant : tels torrents, autrefois redoutables et
qui s'étaient acquis une sinistre célébrité par leurs
méfaits, se sont amendés; ils ont diminué peu à peu,
puis complétement cessé leurs ravages; ils n'existent
plus, et l'on dit qu'ils sont *éteints*. Si l'on visite les bassins où jadis ils prenaient naissance, on trouve ces bassins tout revêtus de bois épais qui s'y sont progressivement développés, grâce au temps et à l'oubli des hommes.
Arrive-t-il, et le fait est trop fréquent, que ces bois tombent
sous la cognée du bûcheron, aussitôt les torrents, qui
dormaient engourdis et comme étouffés sous la masse de
la végétation, se réveillent et reprennent toute leur fureur.

Qu'opposerons-nous donc à ces torrents qui ruinent
nos montagnes? Des barrières artificielles, des maçon-
neries, des terrassements? Ce ne sont là que des *défenses*,
ainsi qu'on les appelle. « Tous ces ouvrages mesquins
ne diminuent pas l'action destructive des eaux, ils l'empêchent seulement de s'étendre au delà d'une certaine
limite. Ce sont des masses passives luttant contre des
forces actives, des obstacles inertes et qui se détruisent,
contre des puissances vives qui attaquent toujours et
qui ne se détruisent jamais. » Il faut combattre les tor-

rents en appelant à notre aide une force vivante, qui
dure, qui se renouvelle, qui se développe, qui non seulement résiste, mais prenne l'offensive et attaque. Cette force,
la nature nous la fournit, et c'est la végétation. Le reboisement est le salut, l'unique salut des montagnes ra-
vagées par les torrents.

Mais le reboisement est-il possible? Il faut avouer qu'on
se prend d'abord à en douter en voyant les flancs nus,
décharnés, affreusement stériles, de la plupart de nos
Alpes. Ne nous bornons pas à cette première impression; plaçons-nous devant d'autres aspects; considérons
« ces débris d'anciennes forêts que l'on voit dispersés par
lambeaux sur toutes les croupes, soumis à toutes les ex-
positions, cramponnés à tous les terrains, où les arbres
semblent parfois sortir du cœur même de la pierre. Ces
vieux témoins se tiennent debout, victorieux des attaques
incessantes des hommes et des eaux, des troupeaux et du
climat, comme pour attester qu'ils sont plus forts que
tous les obstacles. » A ce spectacle, on reprend confiance : ce que la nature a fait spontanément, au hasard,
sans aide, ne le refera-t-elle pas avec le secours de l'intelligence et de la volonté de l'homme?

Il se peut que la végétation ne prospère pas sur tous
les points à la fois; mais elle s'établira certainement sur
quelques-uns : c'est assez; il est permis dès lors de
compter sur le succès. « Chacun de ces bouquets de
verdure devient un centre de propagation. Autour d'eux
se forme une lisière plus ou moins large où le sol, rendu
plus humide par le voisinage de l'ombre, labouré par les
racines qui serpentent au loin, engraissé par la chute
des feuilles, recevant d'ailleurs une multitude de rejetons
et de graines, subit une sorte de préparation qui le rend
propre à se recouvrir de plantes à son tour. » Ainsi le
cercle s'agrandit peu à peu; d'année en année, la tache
verte s'étale, court, se répand au loin. Bientôt les îlots
de végétation se rapprochent, arrivent à se toucher, à se

confondre; les parties stériles, enveloppées, envahies de tous côtés, ont disparu.

Il n'est pas de terrains assez rebelles pour résister indéfiniment à cette force d'expansion de la vie végétale ; tous, à la longue, finissent par être vaincus. Ou s'il s'en trouve quelques-uns d'absolument invincibles, ce sont des parois de roc pur, lisses et verticales, qu'il y aurait peu d'intérêt à boiser, car ceux-là ne se laisseront ni emporter ni entamer par les eaux.

Objectera-t-on le grand nombre d'années qui devra s'écouler avant que nos semis et nos plantations deviennent des bois? En effet, il ne faudra pas moins d'un demi-siècle, d'un siècle peut-être, pour que les flancs de nos Alpes soient couverts de futaies. Mais il s'agit d'empêcher les eaux de ruisseler sur un sol nu, de se réunir, de former des torrents, et un revêtement d'arbustes et de buissons, qui s'obtiendra en quatre ou cinq ans, produira ce résultat. Un simple tapis de gazon y suffit. Là où un pâturage excessif n'a pas détruit l'herbe drue des versants, où la dent vorace et violente, et surtout le pied aigu et coupant du mouton n'ont pas dépouillé et défoncé le terrain, les eaux ne ravinent pas, ne causent aucun dommage[1]. Combien un couvert de jeunes arbres,

1. Malheureusement ce ne sont pas des vaches, comme en Suisse, que l'on élève dans les hauts pâturages de nos Alpes, ce sont des moutons et des chèvres. La vache tond l'herbe sans l'arracher ; ses larges pieds tassent le sol sans le couper. « Le mouton et la chèvre, dit M. Clavé, arrachent l'herbe au lieu de la couper; ils se jettent sur toute espèce de végétaux, ils dévastent les forêts, ruinent les pâturages. Quand ils sont nombreux, ils ravagent un pays comme pourrait le faire une nuée de sauterelles ; ils mettent littéralement le roc à nu, ils ravinent le sol avec leurs ongles pointus, le rendent plus attaquable par les eaux et facilitent ainsi la formation des torrents. Ces troupeaux, dans les départements du Var, de l'Isère, des Hautes-Alpes et des Basses-Alpes, comptent environ 150 000 têtes. Un tiers sont des troupeaux transhumants, appartenant à des propriétaires de la Provence ou du Piémont. Après avoir passé l'hiver dans les plaines, ils se rendent pendant l'été dans la montagne, où ils ne laissent sur leur passage aucune trace de végétation. »

au feuillage touffu et aux racines déjà profondes, ne sera-t-il pas plus efficace?

Après avoir indiqué avec précision les procédés à suivre dans l'opération du boisement, M. Surell regarde vers l'avenir, évoque la riante image de la région montagneuse dont il s'occupe, complétement transfigurée, devenue aussi prospère qu'elle est aujourd'hui misérable.

« Il serait facile, dit-il, de tracer un tableau séduisant en rassemblant les bienfaits sans nombre qui découleraient de tous ces travaux. On peindrait le département (des Hautes-Alpes) retiré comme du sépulcre, sa face entièrement renouvelée, et la prospérité succédant partout à la désolation et aux ruines ; ces affreux lits de déjection cachés sous les ondes des moissons, et des bois majestueux suspendus à ces revers aujourd'hui croulants et décharnés. On montrerait ces montagnes divisées en trois zones échelonnées l'une au-dessus de l'autre à diverses hauteurs, et dont les produits variés seraient pour le pays une triple source de richesse. La zone inférieure, comprenant les vallées et les croupes les plus basses des montagnes, serait exclusivement réservée aux cultures. Plus haut, là où les pentes commencent à devenir rapides, le sol ingrat, le ciel froid, se déroulerait une ceinture d'épaisses forêts, qui suivrait les ondulations de la chaine en s'élevant jusqu'aux crêtes. Là enfin commenceraient les prairies pastorales, les plateaux ondulés tapissés de pelouses où se presseraient de nombreux troupeaux, devenus pour la première fois inoffensifs. Les forêts, jetées ainsi sur les parties les plus mobiles des montagnes, entre les cultures du fond et les roches menaçantes du sommet, serviraient de boulevard aux vallées et les défendraient contre l'écroulement des parties supérieures. Les habitants jouiraient à la fois du bénéfice des champs cultivés, des forêts et des troupeaux. »

Ce n'est pas tout ; « sans parler du changement heureux que ces nouvelles forêts pourront introduire dans le climat, ne peut-on compter avec beaucoup de raison sur l'apparition d'un grand nombre de sources que la chute des bois a fait tarir et que leur résurrection ramènera vraisemblablement au jour? Ces eaux répandraient autour d'elles la fécondité et la fraîcheur, tandis que les torrents, devenus tranquilles, fourniraient à l'agriculture d'abondants arrosages, et à l'industrie des forces motrices, qu'on s'étonnera un jour d'avoir laissé perdre si longtemps. »

Pour entreprendre la grande œuvre de la régénération des Hautes-Alpes par le reboisement, M. Surell ne compte pas sur les populations de la montagne, pauvres et peu éclairées; il compte sur l'État; il lui en fait une obligation morale; il y voit une question d'intérêt national, de patriotisme, de solidarité humaine : « Si, par un accident de guerre, ce département nous était tout à coup ravi, la France entière se lèverait en armes pour le défendre. Mais c'est là justement ce qui arrive. Il nous est enlevé, en détail, tous les jours, sous nos yeux, par des ennemis naturels, sans qu'il puisse se défendre : et le pays tout entier consentirait tranquillement à sa perte! La première loi de toute société est de s'entr'aider. Le fort doit protection au faible, et le riche doit secourir le pauvre. Ce précepte découle de la raison, non moins que du cœur; il répond à l'intérêt bien entendu des sociétés comme aux instincts les plus élevés de notre nature, et la charité sur ce point n'est que de la bonne économie politique. »

Le vœu de M. Surell s'est accompli; ses prédictions se sont réalisées. Les terribles inondations de 1856 émurent l'opinion publique. En 1860, une loi fut enfin votée, qui prescrivit le reboisement des montagnes. L'année suivante, on s'était mis à l'œuvre.

Beaucoup d'intelligence, beaucoup de persévérance et de courage furent déployés. On se heurtait à deux grandes difficultés : un sol déformé, déchiré, croulant, impropre à recevoir les plantations, et l'opposition, poussée jusqu'à la fureur, quelquefois jusqu'au crime, des montagnards : ils prétendaient qu'on sacrifiait la montagne à la plaine, qu'on allait les spolier de leurs pâturages, par conséquent de leurs troupeaux, leur unique moyen de subsistance.

On apaisa les montagnards en tenant compte de leurs réclamations, en faisant concourir le gazonnement, de moitié avec le boisement, à la restauration des surfaces qui donnaient naissance aux torrents. Le sol fut d'abord transformé : les berges des ravins profonds furent consolidées à l'intérieur par des barrages qui, dès les premières crues, amenèrent en amont des atterrissements épaulant les talus, comblant les fonds; ou bien elles furent démolies et aplanies, converties en ondulations douces; sur ces berges on tailla des banquettes horizontales, légèrement inclinées du côté de la montagne, de façon que les eaux eussent tendance à s'y arrêter, plus ou moins rapprochées selon l'inclinaison de la pente, souvent soutenues par des clayonnages. Ensuite on planta sur ces banquettes, en ligne serrée, de petits arbres âgés de trois ou quatre ans, et l'on en coupa la tige au ras du sol une fois, deux fois, trois fois même, jusqu'à ce que la vigueur des pousses témoignât du développement des racines et de l'activité de la végétation.

On eut soin de varier les espèces d'arbres suivant la nature des terrains : on choisit pour les terres légères et mobiles l'Orme, l'Érable, l'Acacia, le Noisetier, qui poussent vite et qui drageonnent abondamment; pour les sols secs et solides, le Chêne et le Noyer; enfin pour les fonds humides, l'Aune, le Frêne, le Peuplier, le Saule blanc, l'Osier. Là où l'on voulut former des haies touffues, on employa le Prunellier, l'Épine noire, la Ronce, le Genévrier, l'Épine vinette. Ailleurs on eut recours aux arbres résineux; on planta le Pin sylvestre, le Pin d'Auvergne, le Pin à crochets, le Pin d'Alep.

Travaux préparatoires de reboisement dans les montagnes.

Enfin sur les talus, dans les intervalles des banquettes, on sema à la volée des plantes fourragères, telles que la Luzerne, le Trèfle, le Sainfoin, la Bugrane, plante indigène qui se plaît dans les combes, qui aime à se cramponner aux escarpements, et l'on prit la précaution de protéger la semence, que les fortes pluies auraient pu entraîner, par un paillis, ou par une couche de brindilles.

Le succès de ces opérations fut rapide et complet. Les montagnes, ou du moins les parties des montagnes traitées ainsi, ne se reconnurent plus. Au lieu de parois nues, crevassées, d'une aridité horrible, on vit bientôt des pentes herbeuses, rayées de lignes parallèles de végétation arborescente suivant les sinuosités du mont, s'avançant sur les saillies, s'enfonçant dans les combes, descendant jusqu'au lit rocailleux du torrent, montant jusqu'aux sommets des crêtes, rappelant les allées d'un grand parc. Dix années ne s'étaient pas encore écoulées lorsqu'un ingénieur en chef des ponts et chaussées, M. Gentil, constatait l'étonnante transformation des Hautes-Alpes. Le sol, disait-il, a acquis une telle stabilité que les plus violents orages, notamment ceux de 1868, qui ont causé tant de désastres dans le département, ont été inoffensifs dans les parties régénérées. La montagne en peu de temps est devenue productive ; là où quelques moutons pouvaient à peine vivre en détruisant tout, on voit des herbes abondantes susceptibles d'être fauchées. Les populations, essentiellement pastorales, trouveront désormais des ressources pour l'alimentation de leurs troupeaux soit dans ces herbages, soit dans la feuille des frênes et des ormeaux ; de plus, les Acacias donneront des bois utiles pour la culture de la vigne. Aussi ces populations, qui étaient très hostiles lorsqu'elles redoutaient de subir indéfiniment l'interdiction du pâturage, dans l'attente de forêts dont jouiraient seules les générations à venir, sont-elles maintenant gagnées ; elles se fient à l'administration forestière. En parcourant les anciens bassins de torrents mis en culture, on peut apprécier combien le sol s'est modifié ; les caractères torrentiels ont disparu ; il n'y a plus de crues violentes et subites. Tel de ces torrents, — celui de Sainte-Marthe, — pour lequel on avait étudié un projet d'endiguement évalué 40 000 francs, est aujourd'hui complétement éteint. Tel autre, — celui de Pals, commune de Rizoul, — contre lequel 25 000 francs de travaux étaient reconnus nécessaires, coule paisiblement dans un aqueduc qui n'a pas coûté plus de 1000 francs. Ces exemples donnent la mesure des avantages déjà réalisés. Quant aux bénéfices dont profitent les terres situées dans les vallées, où les torrents déposaient des monceaux de pierres et de débris, ils sont immenses. Non seulement les propriétaires se voient dispensés d'ouvrages de défense coûteux et précaires, mais les héritages, n'ayant plus à redouter d'être brusquement ensevelis sous les graviers, prennent une valeur certaine. On cultive avec l'espoir, avec la certitude de la récolte. Le propriétaire, comptant sur l'avenir, ne songera plus à s'expatrier.

L'œuvre du reboisement de nos montagnes n'a pas été entreprise seulement dans les Alpes. Depuis 1861 jusqu'en 1878, 216 emplacements, d'une contenance totale de 159 162 hectares (90 023 dans la région des Alpes, 38 139 dans celle des Cévennes et du plateau central, 11 000 dans les Pyrénées), ont été livrés à l'administration forestière, et le boisement de 35 690 hectares a été achevé. En outre, sur un grand nombre de points, les travaux préparatoires, tels que drainages, canaux de dérivation, barrages, murs de soutènement, fascinages, banquettes, plus longs et plus dispendieux que ceux du boisement même, ont été activement poursuivis[1]. A ces

---

1. L'administration des forêts a en outre créé des pépinières permanentes, occupant 144 hectares, fournissant annuellement plus de 51 500 000 plants, et, en diverses régions, des sécheries de graines résineuses, à Murat (Cantal) pour les pins d'Auvergne, à Llagonne

35 690 hectares restaurés d'office par l'administration, sont venus se joindre 51 550 autres hectares, volontairement reboisés soit par les communes, soit par les particuliers (principalement par les premières dans les Alpes, par les seconds dans les montagnes du centre) avec le secours de l'État, ce qui a porté l'étendue des surfaces complétement régénérées à 87 040 hectares.

Ce n'est là qu'un commencement. On a évalué l'ensemble des terrains montagneux susceptibles d'être reboisés à 1 155 000 hectares, et à 140 ans la durée des travaux nécessaires à l'achèvement de cette opération gigantesque. Un effort de 140 années aura-t-il de quoi nous décourager? Il nous semble qu'au contraire il paraîtra bien peu de chose si l'on réfléchit qu'il est destiné à guérir et qu'il guérira certainement un mal qui date de vingt siècles. Aucune tâche plus urgente ne se présente à nous, pas même celle de remanier à notre gré la figure de la terre, de percer les isthmes qui nous gênent. Ici c'est nous qui avons dérangé l'ordre de la nature; hâtons-nous de le rétablir.

(Pyrénées-Orientales) pour les pins à crochets, à Aubagne (Bouches-du-Rhône) pour les pins d'Alep, à Fontainebleau pour les pins sylvestres. Enfin elle favorise la substitution des troupeaux de vaches à ceux de chèvres et de moutons, qui ruinent les pâturages, en accordant des subventions aux associations pastorales des Alpes et des Pyrénées pour la fabrication du fromage en commun.

CHAPITRE VII

L'exploitation des bois. — Le taillis simple; ses inconvénients. — Le taillis sous futaie; le balivage. — La futaie; les coupes de régénération et celles d'amélioration. — Supériorité de la futaie pour le produit, du taillis pour le revenu. — Assiette des coupes d'une forêt.

Si nous ne demandions aux forêts que le spectacle de belles masses de verdure ou d'agréables ombrages, nous pourrions les abandonner à elles-mêmes. Mais nous avons besoin du bois qu'elles produisent, nous voulons que les arbres qui les composent se prêtent à divers usages, qu'ils aient la taille, le volume convenables à ces emplois, qu'ils végètent tous bien, sans se nuire les uns aux autres, enfin que l'ensemble du massif persiste en se renouvelant sans fin : de là la nécessité d'intervenir dans la vie libre des forêts, de les cultiver et de les exploiter de façon à tirer d'elles le plus de profit possible.

Ne regretterons-nous pas cette nécessité de l'intervention de l'homme au point de vue de la beauté de la forêt? Certes on ne peut s'empêcher d'éprouver un sentiment de chagrin, parfois même d'indignation, en voyant les grands arbres d'une futaie qu'on admirait, qu'on aimait, tomber sous les coups de la cognée. Mais il faut songer que ces arbres, laissés à la nature, passeraient inévitablement de la maturité à la vieillesse, puis à la décrépitude, qu'ils perdraient peu à peu leurs branches, leur cime, que leur tronc se fendrait, se creuserait, se réduirait en poussière, qu'ils encombreraient le sol de leurs débris; que d'ailleurs ils disparaissent pour faire place à de jeunes arbres qui ont poussé sous leur abri, qui veulent grandir à leur tour, et qui nous rendront, à nous-mêmes ou à nos descendants, les mêmes ombrages. Songeons aussi que nous les devons aux soins des forestiers, ces chemins qui traversent en tous sens nos bois et qui ouvrent à nos pas des promenades, à nos regards de si charmantes perspectives, que nous leur devons aussi cet ordre, cette harmonie, cette mesure qui règnent dans la végétation de nos massifs et qui peut-être conviennent mieux à l'homme que la sauvage exubérance de la forêt vierge. Laissons donc, sans protester, les sylviculteurs déclarer que l'aménagement d'une forêt, s'il est bien entendu, sert plutôt qu'il ne nuit à sa beauté.

Au moyen âge, l'exploitation des forêts était livrée au hasard. Comment leur aurait-on appliqué un traitement rationnel, quand on ignorait les plus simples lois de la végétation? Un ouvrage d'agriculture qui parut à la fin du quinzième siècle et qui acquit une grande autorité[1], enseigne que les arbres naissent spontanément « de la semence et humeur contenue en la matrice de la terre, et que par la vertu du ciel ils saillent en haut, où ils se dressent en souches de diverses plantes, selon la diversité de l'humeur et des lieux où ils croissent ». L'auteur admet d'ailleurs qu'ils poussent aussi quand les semences tombent à terre, ou que les oiseaux les apportent, ou que les eaux les amènent.

C'est seulement vers la fin du dix-septième siècle (après l'ordonnance de Colbert en 1669) qu'un procédé

---

1. Le *Livre des proufits champestres et ruraulx, compilé par maistre de Crescences*, écrit d'abord en italien, puis traduit en français en 1486.

régulier fut adopté en France pour la coupe des bois. Cette méthode, dite à *tire et aire*, consistait à diviser la forêt en un certain nombre de cantons de contenance égale et à les couper les uns après les autres, de proche en proche; on abattait tout excepté dix arbres, généralement dix chênes, par arpent forestier, c'est-à-dire vingt par hectare. Un tel système était défectueux. Les arbres réservés étaient trop peu nombreux pour repeupler par leurs semences tout le terrain. Ils y suffisaient d'autant moins que, se trouvant tout à coup isolés et privés d'abri, quelques-uns séchaient sur pied, d'autres étaient renversés ou brisés par le vent. En outre, comme on laissait les jeunes bois croître à leur gré, il arrivait que les espèces inférieures, qui poussent plus rapidement, prenaient le dessus et étouffaient les essences précieuses. Et même quand tout allait bien, les arbres, trop serrés, manquant d'espace et d'air, se développaient mal; ils s'allongeaient, mais ne grossissaient pas. C'est ainsi que de magnifiques forêts dégénéraient peu à peu en bois médiocres, parsemés de clairières et de vides nombreux.

Un autre mode d'exploitation, connu sous le nom de *jardinage*, était autrefois usité, surtout en Allemagne. On coupait çà et là, où on les trouvait, les arbres morts, mourants, ou malades, et aussi quelques autres, bien portants, dont on avait besoin. On n'enlevait qu'un très petit nombre de pieds dans le même endroit, et l'on parcourait, chaque année, une grande étendue de la forêt, quelquefois la forêt tout entière. On voit aisément les inconvénients de ce procédé : on ne récoltait que peu de bois, et un bois de qualité médiocre; le massif trop compacte ne bénéficiait pas de ces quelques trouées éparses et ne s'en trouvait pas éclairci; les arbres abattus endommageaient par leur chute leurs voisins, cassaient les branches, écorchaient les tiges; enfin l'enlèvement de ces arbres coupés à travers les colonnades serrées de la futaie et les épais fourrés des buissons causait de nouveaux dégâts. Toutefois cette méthode discrète du jardinage, qui cueille de place en place les sujets condamnés à disparaître par la nature elle-même, mérite d'être conservée dans certains cas, par exemple lorsqu'on tient à garder un bois à l'état de massif constant soit comme ornement, soit comme abri contre les vents régnants ; elle s'impose absolument dans le traitement des forêts qui tapissent les hautes croupes des montagnes, quand ces forêts préservent les terrains situés au-dessous d'elles des éboulements et des avalanches.

Ceux qui aiment les bois, qui s'y promènent souvent et qui, ne se contentant pas de voir vaguement autour d'eux des tentures de feuillage, des profondeurs de verdure, regardent les arbres, observent leur taille, leur disposition, connaissent, sans l'avoir appris dans les livres, les trois différentes formes que prennent les forêts traitées par la sylviculture moderne. Ici les arbres sont tous jeunes, de petite ou de moyenne taille, à peu près égaux, tantôt buissons feuillus, tantôt arbustes minces et élancés, formant un massif composé de touffes séparées, entre lesquelles croissent des plantes diverses, des bruyères, des fougères ou des genêts : c'est un *taillis*. Là se dressent, comme des colonnes, des troncs puissants, droits, serrés, ne se ramifiant qu'à une grande hauteur, abritant d'une ombre perpétuelle le tapis de mousse et de feuilles mortes qui couvre le sol, ou bien plus espacés et laissant grandir dans les intervalles qui les séparent une forêt nouvelle : c'est la *futaie*. Ailleurs le taillis est dominé de place en place par de vieux arbres qui déploient dans l'air libre leur vaste cime arrondie, et c'est le *taillis composé* ou *taillis-sous-futaie*.

On peut presque dire que les arbres qui composent un *taillis* ne sont pas en réalité des arbres ; ils n'ont pas une existence indépendante, individuelle : l'arbre véritable a disparu ; il ne reste plus de lui que la souche, qui ne dépasse guère le niveau du sol. Cette souche a donné naissance à des rejets, et c'est elle qui continue à les faire vivre ; elle leur fournit un point d'appui, et par ses racines elle pompe pour eux les sucs de la terre. On ne peut donc former un taillis qu'avec des essences jouissant de la propriété de repousser de souche, telles que le Chêne, le Charme, le Frêne, l'Érable, l'Orme, le Châtaignier, le Bouleau, le Saule. Quelques espèces, par exemple le Châtaignier, le Bouleau, le Saule, le Frêne, ont le privilège de produire aussi des rejets de racines ou drageons, qui bientôt, se munissant de racines nouvelles pour leur propre compte, se rendent indépendants et vivent d'une vie propre. Il n'existe pas de taillis d'arbres résineux, puisque ceux-ci n'émettent pas de rejetons ; ils ne peuvent se reproduire que par la semence.

On coupe les taillis à d'assez courts intervalles, afin de ne pas laisser s'éteindre la vitalité des souches : ceux de Chêne et des autres bois durs destinés à fournir du bois de chauffage, tous les 25 ans (dans les bons sols on peut attendre jusqu'à 30 et même 40 ans); ceux de bois tendres tous les 20 ans, à moins que la rigueur du climat n'engage à adopter un terme un peu plus long.

On soumet à une révolution variant de 10 à 15 ans les taillis de bois durs destinés au fagotage, et à celle de 5 à 8 ans les bois tendres réservés au même emploi.

Les taillis de Châtaigniers se coupent tous les 7 ans : cette essence fait preuve d'une vitalité vraiment extraordinaire; à peine le sol couvert des tiges abattues est-il déblayé, qu'on voit surgir de toutes parts des faisceaux de brins vigoureux garnis de larges feuilles, qui à la fin du premier été ont acquis un mètre et demi de long; au bout de 7 ans, ils forment un massif de jeunes arbres ayant 25 et 30 pieds de hauteur, que l'on débite sur place en échalas, en lattes pour treillages, en cercles de tonneaux. Et on les exploite ainsi depuis un temps immémorial, sans qu'ils laissent apercevoir le moindre signe d'épuisement ni même de lassitude.

Si nous assistons, en automne, au moment où les feuilles
tombent et où la sève est arrêtée, à l'abatage d'un taillis,
nous verrons que cette opération demande quelques pré-
cautions. Le bûcheron, s'il connaît son métier, ne se
sert pas d'une scie; la scie ne coupe pas, elle déchire;
elle décollerait l'écorce de la souche, et les bourgeons
qui forment les rejets ne se développeraient pas; de plus,
elle donnerait une surface mâchonnée, pelucheuse, où
l'eau s'arrêterait, s'imbiberait comme dans une éponge
et deviendrait bientôt une cause de pourriture. C'est pourquoi le bûcheron emploie la serpe ou la cognée, qui tran-
chent net : la serpe pour les tiges minces, — son choc
plus léger ne risque pas d'ébranler la souche et de briser
les racines, — la cognée pour les troncs plus épais. En
tout cas, qu'il manie l'un ou l'autre de ces deux instruments, il a soin d'inciser d'abord l'écorce jusqu'au bois
du côté opposé à celui où il coupe, afin d'en éviter l'ar-
rachement.

On remarquera que si l'ouvrier a donné à la souche,
en frappant à droite et à gauche et de haut en bas, la
forme d'une gouttière, il s'applique à la retailler de façon
à ce qu'elle présente une surface bien unie et un peu
en pente : c'est afin de faciliter l'écoulement de l'eau.

Il s'attache surtout — ce point est essentiel — à faire
sa coupe aussi près de terre que possible : ainsi les rejets partiront de l'intérieur du sol, ou du moins de la
surface du sol, et seront en contact avec lui ; ils y trouveront
un appui qui leur permettra de mieux supporter plus tard
les coups de vent, le poids du givre et de la neige, et même
ils pourront y lancer des racines qui feront d'eux des
arbres complets, indépendants de la souche-mère. Il est
cependant un cas où l'on s'abstiendra de couper les tiges
à ras de terre : c'est celui où le sol, bas et plat, est fréquemment inondé; on laissera alors aux souches assez
de longueur pour qu'elles dépassent le niveau ordinaire
de l'eau.

On voit que le système du taillis est tout artificiel ; on ne s'y conforme pas à la nature, on la contrarie, on la violente. Le plus grand inconvénient de ce régime est la dénudation périodique du terrain, qui, lavé par les pluies, desséché par les vents, brûlé par le soleil, perd son humidité et sa fertilité ; les arbres, y trouvant de moins en moins les éléments qui leur sont nécessaires, languissent, deviennent rachitiques. Dans les terres fraîches et grasses, la végétation reste longtemps vigoureuse ; mais, dans les parties sablonneuses et arides, elle s'appauvrit peu à peu et succombe. Partout où le sol est maigre et sec, le taillis finit par ruiner la forêt. Qui n'a été frappé, à Fontainebleau, de voir, tout à côté de magnifiques futaies séculaires, ces misérables taillis, rabougris, clairsemés, envahis par les Bruyères et les genévriers. Pourtant le terrain est identique de part et d'autre, c'est le même sable à peu près pur ; mais ici l'ombreuse futaie l'abrite et le fertilise, là le taillis l'a stérilisé[1].

Le *taillis-sous-futaie* est de beaucoup supérieur au taillis simple. Aux produits de ce dernier il joint une partie de ceux de la futaie. Il séduit par son aspect : les deux étages de végétation qu'il présente, les vastes dômes de verdure dont son faîte est mamelonné, donnent l'impression de la grande forêt.

Au point de vue des sylviculteurs, il n'est pas exempt de défauts : le sous-bois, qui est un taillis, détériore le sol, comme nous venons de le dire, en le dénudant à

---

1. « C'est le mode du taillis qui a dépeuplé les forêts d'Orléans, de Fontainebleau, de Saint-Germain, de Compiègne, dit M. Tassy. Dans une forêt où l'on voit une très belle futaie de hêtres et de chênes, on trouve des taillis plus que médiocres. Les deux portions sont enchevêtrées l'une dans l'autre, et le sol est identique quant aux éléments minéralogiques ; partout, à côté de la croissance rapide de la futaie qui annonce un sol fertile, on est frappé de la croissance languissante du taillis qui accuse un sol appauvri, et tandis que la futaie ne renferme que des bois durs, le taillis est déjà rempli de bois blancs. »

Un taillis sous futaie.

chaque exploitation ; en outre, les grands arbres nuisent au développement des rejets qu'ils couvrent de leur ombrage, et le vide finit par se faire autour des troncs. Il arrive encore que les jeunes tiges réservées dans les coupes pour devenir des arbres de futaie, privées tout à coup de l'appui de leurs voisines, n'ont pas la force de se soutenir ; elles fléchissent, s'inclinent et se renversent au premier coup de vent ; ou bien leur écorce, subitement découverte et dont le tissu est tendre, ne résiste pas aux morsures de la gelée ou à celles du soleil, et la carie pénètre à l'intérieur, gagne le bois. Nous ferons remarquer qu'il est un moyen d'atténuer beaucoup ces divers inconvénients : qu'on allonge la révolution, c'est-à-dire le temps qui sépare les exploitations périodiques, qu'on laisse croître le taillis pendant 30 et 40 ans : alors le sol, restant longtemps couvert, ne perdra pas sa fertilité, et les fûts réservés seront assez robustes pour n'avoir plus rien à craindre des influences atmosphériques.

Le taillis-sous-futaie ne se forme pas tout seul ; il n'est pas un produit de la nature ; il faut le créer et l'entretenir par des soins intelligents. Il importe d'abord de bien choisir les jeunes arbres, — les *baliveaux*, — que l'on veut conserver. Le mieux serait de prendre exclusivement des sujets provenant de semence : ils vivent plus longtemps ; ils atteignent les plus grandes dimensions que l'espèce puisse acquérir ; leur pied, solidement enraciné, est toujours sain. Mais on est généralement obligé d'y renoncer ; comme ils croissent plus lentement, les autres les dominent, et ils sont chétifs, mal venus. On choisit donc, parmi les rejets de souches, ceux qui sont bien conformés, droits, vigoureux, et dont le pied s'épate bien : c'est une bonne note lorsque ce pied a englobé la souche-mère qui, soustraite ainsi à l'action de l'air et de l'eau, n'est plus exposée à la décomposition. On tient grand compte aussi de l'espèce à laquelle appartiennent les arbres. C'est au Chêne que l'on donne la préférence ; il est le plus précieux de tous, et son ombrage, plus léger, nuit moins au sous-bois. On admettra, après lui, le Frêne, l'Orme champêtre, l'Érable plane et le Sycomore. Le Hêtre et le Charme ne seront adoptés qu'en troisième lieu ; leur couvert est très épais, quand ils sont vieux, et il étouffe tout sous lui : aussi ne les laissera-t-on pas vieillir ; on les exploitera après deux ou trois révolutions ; ils auront eu le temps de donner des graines pour l'entretien du taillis, et c'est ce qu'on attendait d'eux. Les Chênes, les Frênes, les Ormes, ne seront pas abattus avant leur entier développement et leur maturité complète, à moins qu'on ne les voie dépérir.

A mesure que l'on choisit les arbres que l'on décide de conserver, on les marque. Le forestier se sert pour cela d'un marteau dont la partie antérieure est tranchante et dont le dos présente en relief le chiffre du propriétaire du bois. Avec le tranchant du marteau il enlève sur l'arbre une plaque d'écorce, et d'un coup frappé avec le dos, il imprime les lettres saillantes sur le bois mis à nu. Cette marque désigne aux marchands de bois et aux bûcherons les arbres qui ne sont pas compris dans la coupe.

Le nombre des arbres de futaie est ordinairement réglé de telle sorte qu'ils occupent, par leurs cimes, à peu près le tiers de la surface du bois. Mais on peut, surtout si ce sont des Chênes, leur faire une part plus large ; ils ne seront jamais trop nombreux, tant qu'ils ne se gêneront pas ; c'est en eux, et non dans le taillis, que réside surtout la valeur de la forêt. Ce sera alors, si l'on veut, non plus un taillis-sous-futaie, mais une futaie-sur-taillis.

Dans les bois bien tenus, on n'abandonne pas le taillis à lui-même. On favorise par des nettoiements, par des éclaircies, les rejets les mieux venants, les plus précieux. Dans chaque cépée, il y a une ou plusieurs perches plus faibles, qui penchent, qui traînent jusqu'à terre : on les retranche, au profit des autres. On dégage aussi les brins

poussés de semence, auxquels les bois blancs et les broussailles disputent l'espace et l'air. Ces petits travaux se
renouvellent plusieurs fois, tous les 4 ou 5 ans, jusqu'à
ce que le taillis ait bien pris son essor; ou bien on les
fera peu à peu, d'une manière continue, quotidienne-
ment, presque sans peine et sans frais. « On ne se figure
pas, dit M. Bagneris, ce qu'un garde peut faire d'utile
dans un triage : qu'une fois seulement par semaine, tout
en faisant sa tournée, il passe dans les jeunes coupes, une
serpe ou un sécateur à la main; que ce jour-là il dégage
seulement 100 brins : au bout de l'année, cela représente 5000 sujets, c'est-à-dire l'équivalent de un à deux
hectares de vides repeuplés et réussis. Mais le garde
peut faire ce travail presque chaque jour; on ne saurait
estimer à moins de 10 000 par an les chênes qu'un homme
intelligent aura dégagés et entretenus. Qu'un dixième
seulement de ces chênes soit utilisé pour le balivage, et
quelle richesse n'y a-t-il pas là pour l'avenir ! »

Les arbres de réserve ne seront pas non plus négligés.
Comme ils sont soumis à un régime anormal, ils ont
besoin d'être aidés et dirigés dans leur croissance. Après
l'abatage du taillis qui les enveloppe, il arrive que leurs
troncs, tout à coup exposés à l'air et à la lumière, se
couvrent de bourgeons, puis de branches gourmandes.
Ces branches sont bien nommées : elles absorbent la sève,
qui ne monte plus en quantité suffisante jusqu'à la cime;
celle-ci se dessèche, les rameaux morts se cassent, les
cassures pourrissent, la décomposition gagne les grosses
branches, envahit le tronc et l'arbre dépérit. On supprime
donc ces branches gourmandes pour sauver la cime. On
les coupe, tandis qu'elles sont encore jeunes, avec une
serpe ou un émondoir. Quelquefois on voit l'élagueur
grimper le long du tronc au moyen de crampons attachés
à ses pieds et qu'il enfonce dans l'écorce : ce procédé
n'est pas sans danger; les pointes du crampon peuvent,
à travers l'écorce, piquer et blesser l'aubier. On fera

mieux de se servir d'une échelle et d'un émondoir muni d'un long manche.

Ces arbres isolés ne s'élèvent pas beaucoup, leur croissance en hauteur s'arrête vite ; mais en revanche ils s'étalent largement, ils développent une vaste et riche ramure. S'ils sont par là plus exposés aux coups de vent, à la neige, au givre, en revanche ils se fortifient dans cette lutte incessante ; leur fibre se serre, se durcit ; leur bois devient plus dense et plus robuste. Aussi est-ce à eux de préférence que l'industrie demande les charpentes les plus solides, les pièces les plus capables de résistance et de durée. En outre, ils offrent dans leur branchage des coudes, des courbes bien utiles pour certains ouvrages et qu'on chercherait vainement ailleurs.

Quels que soient les avantages du taillis-sous-futaie, le troisième mode de traitement, la *futaie*, l'emporte sur lui ; seul il obtient sans réserve l'approbation des sylviculteurs. Il est fondé sur l'observation de la nature ; il en imite fidèlement les procédés. Que se passe-t-il dans une forêt livrée à elle-même ? Lorsque les arbres ont pris tout leur développement, ils fleurissent et fructifient ; leurs semences, tombant à terre, y germent, donnent naissance à de jeunes plants ; mais ceux-ci, après avoir essayé de végéter sous l'épais couvert qui les abrite, s'étiolent faute d'air et de lumière, et bientôt périssent. De nombreuses générations se succèdent ainsi, ne naissant que pour mourir. Mais voici qu'enfin, parmi les arbres du massif, les plus grands, les plus vieux, ayant atteint le terme de leur vie, se dessèchent, perdent branche après branche, s'affaissent sur le sol en un monceau de poussière. Leur mort est le salut du jeune peuplement qu'ils dominaient et qui n'attendait, pour prendre son essor, que des conditions favorables, de l'espace, de l'air, du soleil. Il s'élance donc impétueusement vers la lumière ; mais il est trop nombreux ; toutes ces tiges, ces branches, tous ces feuillages se pressent, s'étouffent dans cette

Une haute futaie.

foule compacte et qui se serre toujours davantage ; il faut
qu'il y ait des victimes : ce sont les plus petits, les plus
faibles ; ils disparaissent et laissent de la place aux autres,
qui en profitent. Chaque année il se produit de nouveaux
vides, chaque année la nouvelle forêt prend des forces
et monte. Un siècle, deux siècles et plus se sont écoulés,
la voilà grande à son tour, en possession de toute sa croissance, puis vieille, décrépite, mourante, et qui peu à peu
cède le terrain au jeune semis né de sa graine et destiné
à la remplacer. Ainsi agit la nature ; le forestier fait de
même, et il fait mieux : il retranche à temps les bois
superflus et nuisibles, et, au lieu de les laisser se perdre,
il les recueille. Il y parvient au moyen d'une série de
coupes faites à propos.

Ces coupes sont de deux sortes : les unes portent sur
le vieux massif et ont pour but de permettre le développement du semis, qui doit reconstituer la forêt : on les
appelle coupes de *régénération* ; les autres, nommées
coupes d'*amélioration*, s'appliquent au massif nouveau
et se proposent d'en favoriser la croissance.

Les coupes de régénération sont au nombre de trois.
Les semences, tombées des grands arbres sur une couche
de terreau humide et léger, s'y sont trouvées dans les
circonstances les plus propices et ont facilement germé ;
mais les jeunes plants sortis de ces semences ont bientôt
d'autres besoins ; ils ne tarderaient pas à souffrir s'ils
restaient plongés dans une fraîcheur et une obscurité éternelles ; ils réclament un peu de lumière et de chaleur :
on les leur procure en entr'ouvrant le massif qui les
couvre. Cette première coupe porte le nom de coupe
d'*ensemencement* ; on l'appelle aussi coupe *sombre* ; elle
est faite de telle sorte que les cimes des arbres réservés
se touchent légèrement par l'extrémité de leurs rameaux
quand le vent les agite : elles ne doivent pas laisser
arriver le soleil massé en grandes plaques sur le sol,
mais seulement divisé en petites mailles, en réseau de

dentelle, tamisé en quelque sorte par les feuilles. On ne vise donc pas à une répartition régulière des tiges que l'on conserve; on a surtout en vue une égale distribution du feuillage; c'est en regardant en l'air, et non devant soi, que l'on voit ce qu'il faut enlever ou conserver.

A la coupe sombre succède la coupe *secondaire*. On y procède lorsque le semis, bien garni, commence à former un fourré; il est nécessaire alors de lui faire une plus large part de lumière. Cette opération ne s'achève généralement pas en une seule fois. On découvre les parties où le peuplement est serré et vigoureux; celles où les plants sont encore chétifs et clairsemés, on ne les prive pas encore de leur abri.

Enfin le jeune massif est assez robuste pour vivre à ciel ouvert; il ne craint plus ni les gelées de l'hiver, ni les chaleurs brûlantes de l'été; le moment est venu de faire la troisième et dernière coupe, la coupe *définitive*. On abat tous les arbres épargnés jusqu'alors. Cependant on peut avoir intérêt à en laisser çà et là subsister quelques-uns, soit qu'ils n'aient pas encore terminé leur croissance, soit qu'on désire leur faire acquérir des dimensions exceptionnelles. Entre la coupe d'ensemencement et la coupe définitive il s'écoule une période de 15 à 20 ans; c'est ordinairement le temps nécessaire pour que la régénération d'un peuplement soit accomplie.

Viennent ensuite les coupes *d'amélioration*, d'où dépend désormais la prospérité de la nouvelle forêt. Ces coupes consistent en *nettoiements* et en *éclaircies*. Par les premiers, on assure la conservation des essences précieuses en sacrifiant les bois de peu de valeur qui leur nuiraient. Cette opération est absolument nécessaire, mais elle doit être exécutée avec discernement. Nettoyer le sol n'est pas le dénuder; on se gardera de détruire la végétation basse et buissonnante; celle-ci est inoffensive, et même elle est utile : elle maintient en place la couche de feuilles mortes qui, en se décomposant, produit l'humus, c'est-à-dire l'engrais du sol ; par son abri, elle entretient une constante fraîcheur au pied des arbres et elle contribue, elle aussi, à enrichir la terre par ses détritus.

Au moyen des éclaircies, on se propose de donner aux arbres de l'espace et de l'air, d'améliorer ainsi leur végétation, et par suite la qualité de leur bois. Elles se font successivement. C'est l'état du massif qui décide des moments où il convient de les entreprendre. Elles sont opportunes toutes les fois que le peuplement est devenu trop serré et ne permet plus aux cimes de prendre leur développement normal. Il est sage de ne les commencer que tard, à l'époque où les arbres sont assez grands pour qu'il soit facile de distinguer les sujets d'avenir, c'est-à-dire vers 30 et même 40 ans. On les répète ensuite de dix en dix ans, jusqu'à ce qu'ils en comptent environ 70. Passé cet âge, on n'en fera plus que tous les 15 ou 20 ans. La dernière coupe d'amélioration se confondra avec la première de régénération, celle d'ensemencement.

Les éclaircies doivent être d'abord faibles ; on se borne à enlever les arbres morts ou dépérissants, dominés ou sur le point de l'être. Elles seront progressivement plus fortes[1], mais elles n'iront pas jusqu'à interrompre le massif, ou le trop desserrer : les fûts, trop espacés, cesseraient de s'allonger ; ils pourraient se couvrir de branches gourmandes, qui amèneraient la mort de la cime ; ils se trouveraient exposés tout à coup aux violentes secousses du vent et n'auraient pas la force d'y résister. Le vent est un ennemi redoutable pour les forêts ; il ne faut pas le laisser s'y introduire. Aussi évitera-t-on d'éclaircir les lisières ; on n'en retirera que les bois morts ; on se gardera bien

---

1. On tiendra compte de la nature des arbres. On éclaircira davantage une futaie de chênes (après qu'elle aura atteint toute la hauteur dont elle est susceptible), et beaucoup moins un massif de hêtres, de sapins ou d'épicéas, ces arbres poussant volontiers en peuplement serré et la qualité de leur bois ne bénéficiant pas d'une croissance rapide.

d'élaguer les branches basses qui ont poussé du côté extérieur ; elles forment un rideau protecteur qu'il importe de conserver.

On conçoit que, particulièrement dans les dernières coupes, l'abatage des arbres de haute futaie doive être exécuté avec prudence ; il s'agit d'épargner autant que possible le sous-bois qui les entoure. Ce dernier aurait beaucoup à souffrir si l'on jetait bas ces géants au printemps ou en été, alors que les pousses sont tendres et cassantes ; on choisit donc la fin de l'automne ou l'hiver. On n'a pas ici à ménager la souche, comme pour le taillis ; aussi le bûcheron peut-il se servir à son gré de la scie ou de la cognée. Si l'on tient à ne rien perdre de la longueur d'un sujet de prix, on a recours à l'arrachage : on creuse autour du pied un fossé circulaire et l'on tranche les grosses racines que l'on a mises à découvert ; on provoque ensuite et l'on dirige la chute de l'arbre au moyen de cordes attachées à son faîte et que tirent plusieurs hommes. On a toujours dû préalablement le dépouiller de toutes ses branches ; si on lui laissait sa puissante ramure, il ferait en tombant de grands ravages ; réduit à l'état de simple fût, et entraîné du côté où le sous-bois est le moins serré, il ne cause que peu de dommage.

Il suffit de voir ces chênes couchés par terre, énormes, droits, parfaitement cylindriques, à l'écorce régulièrement striée et absolument saine, que traînent avec peine hors du massif cinq ou six chevaux attelés à la file, quelquefois trois ou quatre paires de bœufs, ou bien suspendus par de fortes chaînes sous les voitures à hautes roues qui les transportent lentement à travers les rues des villes, il suffit de voir ces colosses pour apprécier les produits de la futaie. C'est elle qui fournit aux plus nobles de nos industries, aux constructions navales et civiles, la précieuse matière qui les alimente. Le taillis ne peut donner que des bois de faibles dimensions, qui ne servent guère qu'au chauffage. Ceux-ci, après une courte vie, se dissipent promptement en flamme et en fumée dans nos foyers; la futaie, deux fois centenaire, survit encore à plusieurs siècles dans la charpente de nos cathédrales et de nos palais.

La supériorité de la futaie sur le taillis, tant comme mode de culture, assurant infiniment mieux la perpétuité de la forêt, que comme source de produits incomparablement plus précieux[1], étant un fait incontesté, on peut se demander pourquoi tous les bois ne sont pas des futaies. C'est que le propriétaire d'un bois voit dans ses arbres un capital dont il a le désir et presque toujours l'obligation de tirer un revenu aussi fréquent et aussi élevé que possible, et c'est le taillis, exploité à de courtes révolutions, qui peut le mieux lui procurer cet avantage. Tel est le cas de la plupart des particuliers et même des communes. L'État seul est en situation de sacrifier le présent à l'avenir et de considérer surtout le véritable intérêt du pays. Encore, trop souvent, l'État, affamé de promptes ressources, entretient-il dans son domaine fo-

---

1. « La supériorité de la futaie, dit M. Clavé, s'explique par la marche même de la végétation. Ce qui constitue le bois, ce sont les couches ligneuses accumulées les unes sur les autres. Chaque année, il se forme une couche nouvelle entre l'écorce et le tronc. Les arbres de futaie, le chêne, le hêtre, le charme, le sapin, croissent très lentement d'abord et ne commencent à se développer avec quelque vigueur qu'à partir d'un certain âge. Il y a donc avantage à leur permettre une longue croissance. En les soumettant à de courtes révolutions, comme les bois qui poussent vite d'abord et se ralentissent ensuite, on les ramènerait périodiquement à l'âge où l'accroissement est le plus faible, sans leur laisser jamais parcourir la phase où la végétation est pour elles le plus active. Ces essences demandent donc à être exploitées à de longues révolutions, car les produits qu'elles fournissent augmentent non seulement de quantité, mais encore de qualité, à mesure que l'âge des arbres s'élève. Un chêne de 200 ans peut donner jusqu'à 10 mètres cubes de bois valant 400 francs et plus; coupé en taillis à chaque période de 25 ans, c'est-à-dire 8 fois pendant ces deux siècles, il n'eût guère produit que 5 stères de bois de feu, d'une valeur de 50 francs. »

restier beaucoup plus de taillis que de futaies. C'est ce que nous voyons en France, et ce qui donne lieu aux regrets, aux pressantes remontrances des sylviculteurs éclairés. Il n'en est pas de même en Allemagne, où de nombreuses forêts d'arbres résineux, qui ne peuvent constituer que des futaies, sont un des éléments principaux de la fortune publique.

Chacun a pu observer qu'un bois de quelque étendue ne s'exploite pas tout entier en une seule fois. On le coupe par parties, successivement, l'une une année, une autre l'année suivante. L'étendue de chaque partie et l'ordre de succession des coupes sont fixés d'avance; le *plan d'exploitation* de la forêt est établi une fois pour toutes[1]. Au moyen de cette réglementation, on en retire annuellement une égale quantité de bois et un revenu constant.

L'assiette des coupes d'un taillis présente en général peu de difficulté. Comme on abat à la fois tous les arbres qui le composent (sauf les réserves, dans les taillis-sous-futaie), on n'a qu'à partager le terrain en autant de cantons d'égale superficie qu'il y a d'années dans la révolution que l'on a adoptée, et l'on exploite chaque année un de ces cantons. Supposons que l'on possède une forêt de 100 hectares et que l'on ait décidé de la soumettre à la révolution de 25 ans, on en coupera tous les ans la vingt-cinquième partie, soit 4 hectares, et le roulement s'établira d'une manière continue. Toutes les parties, au moment où arrivera leur tour d'exploitation, présenteront toujours des bois âgés de 25 ans, qui donneront des produits, en matière et en argent, à peu près égaux.

Il faut convenir que l'on n'obtiendra pas aussi facilement de la futaie un revenu régulier. Le problème est

---

1. Il doit être tracé sur le terrain par des *tranchées*, ou chemins étroits, séparant les coupes. Aux extrémités de ces chemins sont placées des bornes, ou des poteaux indicateurs, numérotés.

ici plus compliqué. Les diverses coupes de la futaie se succèdent à des intervalles variables ; on est amené tantôt à les avancer, tantôt à les retarder, selon les exigences du sous-bois, avenir de la forêt, qu'il faut favoriser. Ce n'est donc pas l'étendue du terrain boisé qui doit servir de base à l'exploitation, c'est la quantité de bois qu'il contient ; on tiendra compte, non de la superficie, mais du volume ; on ne coupera pas un nombre déterminé d'hectares, on coupera un nombre déterminé de mètres cubes de bois. Par le calcul, ou bien par l'expérience, en faisant abattre et débiter en stères, à plusieurs reprises, une partie des arbres d'un massif, on saura de quelle quantité de matière ligneuse ce massif s'enrichit en moyenne par an[1] : c'est cette quantité, ni plus ni moins, qu'on lui enlèvera annuellement. Ainsi l'équilibre entre la croissance et l'exploitation de la forêt ne sera jamais rompu, et la futaie, comme le taillis, fournira indéfiniment le même revenu. Mais ce n'est pas encore assez, et nous ajouterons avec M. Clavé : « Pour que l'aménagement d'une forêt soit complet, il ne suffit pas de connaître la quantité de bois qu'on peut y prendre chaque année sans en compromettre la production future ; il faut encore que les coupes ne soient pas portées au hasard sur les différents points. La régularisation des massifs boisés et la graduation des âges, tel est le but qu'on ne doit jamais perdre de vue. Une forêt n'est en effet dans son état normal que lorsqu'elle présente dans toutes ses parties un peuplement uniforme et complet, qu'elle comprend, se succédant de proche en proche, sans interruption, des bois de tous les âges, depuis le bois naissant jusqu'à l'arbre prêt à tomber. »

1. En Allemagne, en multipliant les expériences, on a pu dresser des tables indiquant la marche de la végétation de chaque essence dans les différents sols pour presque toutes les forêts.

CHAPITRE VIII

Les ouvriers des forêts. — Le garde forestier. — Les bûcherons.
— L'abatage et le transport des bois dans les montagnes. —
Le schlittage. — Les glissoirs.

La forêt, par les travaux qui s'y exécutent pendant une
partie de l'année et par la surveillance continuelle qu'elle
exige, occupe un grand nombre d'hommes. Ceux-ci, gardes
forestiers et bûcherons, vivent d'elle et avec elle. Ni les
uns ni les autres ne s'enrichissent, ni même n'acquièrent
l'aisance ; ils restent pauvres ; mais ils ne manquent pas
du nécessaire, et la plupart aiment leur état. La forêt
exerce sur eux son charme.

Le salaire d'un garde forestier est modique ; il gagne
par an de six à sept cents francs ; mais à ce modeste
traitement s'ajoutent des avantages bien faits pour le sé-
duire : il est logé gratuitement dans une maison située
sur la lisière ou au milieu de la forêt qu'il inspecte ; il a
la jouissance d'un hectare de terrain, attenant à sa demeure et où, dans ses heures de loisir, il cultive des
légumes, des arbres fruitiers et, s'il en a le goût, des
fleurs. On lui accorde, pour son chauffage, huit stères de
bois et cent fagots. En outre, il a le droit d'avoir deux
vaches, qui paissent l'herbe des clairières, et deux porcs,
qu'engraisse la glandée. Il complète ordinairement sa petite ferme en élevant des volailles, et aussi des abeilles, qui

vont butiner sur les bruyères et dans les champs d'alentour. Que l'on compare, à ce cottage du forestier, le triste
logis de l'ouvrier des villes !

Tous les jours le garde forestier parcourt son triage,
dont l'étendue est de 400 à 600 hectares, quelquefois plus
grande encore. Dès l'aube, entre trois et quatre heures
du matin en été, il est prêt, ses guêtres sont bouclées et
il se met en marche à travers les herbes trempées de
rosée. Rentré à la maison pour une heure ou deux dans
le milieu du jour, il repart et fait dans l'après-midi sa
seconde tournée, qu'il prolonge jusqu'à la tombée de la
nuit. Sa promenade n'est point celle d'un oisif ; son attention est toujours en éveil ; il écoute, il regarde ; son
œil sonde les profondeurs lointaines de la futaie, perce
l'épaisseur des fourrés ; rien ne lui échappe, ni le moindre
craquement d'une branche sèche, ni le plus léger mouvement du feuillage ; il en sait la cause et il passe. Cette
vigilance continuelle est en même temps pour lui un amu-
sement ; il entend le premier coup de gosier de la grive
et du merle annonçant la fin de l'hiver ; il surprend, au
printemps, le moment de l'arrivée de la fauvette et de
celle du rossignol ; il connaît la place des nids dans les
buissons et au haut des grands arbres ; il distingue sur
le sable du sentier l'empreinte toute fraîche de la pince
d'un chevreuil, ou des griffes d'une fouine ; il reconnaît,
en examinant les abords d'un terrier, que les renards sont
rentrés chez eux et ne sont pas ressortis, et que le moment
est bon pour tendre les pièges. Ces petits événements
l'intéressent, et il raconte chez lui à sa famille la chro-
nique quotidienne de la forêt.

Il y a dans sa vie, ordinairement paisible, des heures
sérieuses et même quelquefois dramatiques, celles où il
constate un délit et prend le coupable sur le fait. Le moment de la rencontre peut lui être fatal ; il se trouve
seul, face à face avec le délinquant, qui le plus souvent
est armé, d'une serpe ou d'une hache, si c'est un voleur

de bois, d'un fusil, s'il est braconnier. Il n'hésite pas toutefois ; le sentiment de son devoir le pousse, l'honneur l'anime ; presque toujours il a été soldat, et le courage militaire bouillonne en lui. Il aurait pu ne pas se montrer, observer et agir de loin ; ses chefs lui ont recommandé la prudence, lui ont interdit la témérité inutile ; mais il n'écoute que son zèle, son attachement jaloux pour sa forêt l'emporte : il court au danger, il affronte la lutte sans souci de sa vie.

Les faits de ce genre sont très fréquents ; les annales forestières en sont remplies. « Nous avons connu, dit M. Clavé, un brigadier forestier, mort aujourd'hui, qui surprit un jour dans l'endroit le plus reculé du bois qu'il surveillait, un délinquant occupé à abattre un arbre. Avant qu'il eût eu le temps de faire aucun mouvement, cet homme s'était élancé sur lui, l'avait terrassé et, un genou sur sa poitrine, la hache levée sur sa tête, il voulait exiger de lui la promesse de ne pas lui faire de procès-verbal pour le délit qu'il commettait, le menaçant de mort s'il refusait. « Si tu me tues, répondit le brigadier, je ne te ferai certainement pas de procès-verbal ; mais si tu ne me tues pas, tu en auras un. » Il ne fut pas tué et le procès-verbal fut dressé ; mais le garde n'y mentionna pas même ce fait, qu'on ne connut que beaucoup plus tard, par l'indiscrétion de l'auteur de l'attentat. »

Le même auteur cite encore l'exemple d'un garde forestier qui, dans l'un de nos départements de l'Est, n'hésita pas à occuper un poste dans lequel quatre de ses prédécesseurs avaient été successivement assassinés, et qui y déploya tant d'énergie qu'il parvint à déraciner complètement les habitudes de pillage invétérées dans le pays. La première année, il dressa 800 procès-verbaux ; il finit par n'avoir plus à constater aucun délit. Les habitants traqués, surpris, punis, découragés, renoncèrent à leur ingrat métier de maraudeurs et se mirent à cultiver la terre. Ils trouvèrent bientôt dans les tra-

vaux des champs un bien-être et une douceur de mœurs
dont ils n'avaient eu jusqu'alors aucune idée.

Quand le garde forestier est devenu vieux et que ses
jambes fatiguées, se refusant aux longues marches, l'obli-
gent à prendre sa retraite, il s'établit souvent dans un
village voisin des bois où s'est passée la meilleure partie
de sa vie. Il continue à s'y promener ; il suit avec intérêt
les travaux, les changements qui s'y font ; il se réjouit de
la belle croissance d'un massif qu'il a vu tout jeune ; il
s'afflige du dépérissement d'un canton qu'il a jadis connu
florissant. Sa forêt lui est toujours chère. Presque toujours, s'il a un fils, il lui inspire le goût de la carrière
qu'il a aimée. L'administration des forêts est remplie de
gardes et d'agents de tous grades qui descendent de plusieurs générations de forestiers ; dans aucune autre profession on ne voit un aussi grand nombre de noms se
perpétuer.

Les bûcherons ne sont pas moins attachés à leur
métier et à leur genre de vie. On peut les considérer
comme les plus heureux des ouvriers de la campagne.
Leurs gains sont peu élevés, mais ils ne sont pas réduits
par de longs chômages. Le travail commence pour eux
dans les bois au mois de novembre, il continue tout
l'hiver, excepté durant les jours peu nombreux de neige
épaisse ou de forte gelée, et il ne cesse qu'à la fin de
mai ; en été, ils peuvent s'employer à la coupe des foins,
à la moisson et à la vendange. De plus, les femmes et
les enfants trouvent aussi de petites besognes à la portée
de leurs forces et de leur âge, telles que couper des
branches et façonner des bourrées, ramasser et entasser
des copeaux, lier des bottes d'écorce, empiler des bûches.
Chaque soir, toute la famille revient au village, rappor-
tant une petite charge de bois mort, de menu bois, de
brindilles, de quoi entretenir la provision remisée sous
le hangar pour le chauffage de toute l'année, et aussi
des sacs remplis de châtaignes et de faines, qui pour-

voient en partie à la nourriture et à l'éclairage. Aussi considérez la maison du bûcheron : elle se distingue des autres par un air de propreté, de soin, qui est un indice de bien-être ; le jardin est clos d'une haie vive ou d'une palissade, et bien tenu ; quelquefois un champ de blé ou une vigne y fait suite, et le bûcheron moissonne, vendange pour lui-même. C'est qu'en forêt il travaille à la tâche et non à la journée ; il peut donc ne pas négliger ce qu'il trouve avantage à faire chez lui ; il dispose de son temps comme il lui plaît. Cette vie active, en plein air, dans la solitude des bois, ce travail qui ne sépare pas la famille, mais au contraire l'unit et la resserre en l'isolant, l'éloignement des mauvais exemples et des tentations dangereuses font des bûcherons une des classes rurales les plus saines, les plus honnêtes.

Examinons de plus près l'influence qu'exerce une grande forêt sur le sort des populations qui l'environnent. La forêt de Compiègne, une des plus importantes que la France ait conservées, nous servira d'exemple. Ce vaste massif occupe, outre un certain nombre d'ouvriers de la ville, presque tous les habitants de six villages, dont deux, fort considérables, y sont enclavés ; les quatre autres touchent à ses limites. Les exploitations annuelles fournissent 12 000 stères de bois d'industrie, 85 000 stères de bois de chauffage et 200 000 fagots. Les arbres de futaie, après l'abatage, sont transformés sur place, soit par l'équarrissage, soit par le sciage, soit par la fente, en charpentes, en planches, en chevrons, en échalas. Il faut ensuite que ces divers produits soient transportés. A toutes ces opérations viennent s'ajouter les travaux que nécessitent le repeuplement des vides, l'entretien des routes et des fossés, la restauration des bâtiments forestiers, les dessèchements, le curage des ruisseaux, etc. C'est, pour la main-d'œuvre, un total de plus de 547 000 francs. Sur cette somme, 220 000 se répartissent entre les cinq ou six cents ménages de bûche-

Les Bûcherons.

rons, dont chacun tire ainsi de la forêt 350 à 400 francs
de salaire ; il faut y joindre les bénéfices du chauffage,
qu'ils n'ont qu'à ramasser, du pâturage, qui leur permet de vendre le produit d'une ou de deux vaches, et du
temps qui leur reste pour aller faire la moisson dans
les grandes fermes, travail qui, en un mois ou six
semaines, leur rapporte à peu près le pain de l'année.

« Un autre bienfait vient favoriser de temps en temps
les populations forestières, dit l'auteur à qui nous em-
pruntons ces renseignements[1] : c'est la récolte des graines
qui peuvent s'enlever sans inconvénient des massifs de
futaie éloignés encore de l'époque de réensemencement.
Ainsi la faîne, qui fournit une huile excellente, préférable
à celle de la plupart des plantes oléagineuses, est abandonnée aux usagers dans certains cantons moyennant une
faible rétribution, destinée plutôt à perpétuer ce droit
qu'à créer un produit. Il y a eu telle année où, les hêtres
de la forêt de Compiègne étant chargés de faînes, il en a
été ramassé une quantité dont la valeur a atteint 400 000
et même 500 000 francs. Les bûcherons n'ont pas seuls
exercé ce privilège ; plus de 5000 personnes y ont été
admises. On peut citer plusieurs ménages qui ont réalisé
des sommes de 300 à 400 francs par la vente de la faîne
qu'ils avaient recueillie, en conservant encore leur provision d'huile pour plusieurs années. »

Une pareille bonne fortune ne se présente pas tous les
ans ; elle ne se renouvelle que tous les quatre ans à peu
près. Mais alors quel bien-être répandu parmi les habitants ! Quels avantages les pays de culture offrent-ils qui
puissent être comparés à ces moissons forestières si abondantes, et dont la nature fait tous les frais ?

« Tout ceci n'est pas exagéré, ajoute l'écrivain que
nous citons. La preuve de l'aisance qui règne chez les

---

1. M. Poirson, qui était inspecteur de la forêt de Compiègne,
quand il écrivait ces lignes.

bûcherons se montre dans le prix exorbitant **qu'ils** donnent de la terre, lorsqu'il s'en trouve à vendre à portée de leurs habitations : il n'est pas rare de voir une terre médiocre se payer là le double de ce que valent les meilleures dans la même contrée. » La principale cause de cette aisance, qui est générale chez les habitants de la forêt, c'est « la vie sobre et régulière dans laquelle ils sont maintenus par un travail continuel et isolé, chaque famille ayant un atelier distinct et recueillant ainsi le fruit de son assiduité. »

Le bûcheron n'aime pas seulement son état pour les profits qu'il en tire ; il l'aime pour lui-même, il y trouve une sorte de plaisir qui lui fait oublier sa peine et sa fatigue. L'abatage d'un grand arbre est une sorte de lutte dans laquelle il engage sa vigueur, sa volonté, son amour-propre ; quand l'arbre tombe, il est content, quelque chose en lui chante victoire. Un bûcheron, un Américain, qui était enthousiaste de sa profession et qui a écrit ses mémoires, y exprime un sentiment de ce genre : pour lui, la vue d'un bel arbre était aussi émouvante que peut l'être celle d'une superbe pièce de gibier pour un chasseur. Un jour, il découvrit au milieu d'un massif un pin magnifique : « J'ai abattu des centaines d'arbres, dit-il, et j'en ai vu des centaines de mille, mais jamais je n'en ai rencontré, jamais ma cognée n'en a fait tomber un aussi splendide que ce pin, qui avait poussé sur le bord d'une petite rivière. Son tronc était droit et élancé comme un cierge. A 4 pieds de terre, il avait 6 pieds de diamètre. Il atteignait 143 pieds de hauteur dont 65 sans aucune branche ; il avait presque la même grosseur d'un bout à l'autre. Il me fallut environ une heure un quart pour terrasser ce géant. C'était par une belle après-midi ; le calme le plus profond régnait autour de moi et le désert m'environnait de sa majesté. Lorsque je l'eus frappé durant une heure, le puissant colosse, qui avait mis plusieurs siècles à croître, qui avait résisté aux plus violentes tempêtes et qui dominait tous ses voisins de sa cime sans rivale, ce roi de la solitude commença à trembler sous les coups d'un chétif insecte, car étais-je autre chose auprès de lui? Mon cœur palpitait lorsque je levais les yeux pour épier les premiers indices de sa chute prochaine. Il tomba enfin avec un bruit épouvantable qui me parut ébranler cent arpents de terrain; l'écho répéta ce craquement sinistre, dont les derniers sons allèrent expirer dans les montagnes lointaines. La surface de la souche formait une vaste plate-forme; une paire de bœufs aurait pu s'y tenir; nous fûmes forcés, mes compagnons et moi, de l'abandonner, la rivière n'étant ni assez large ni assez profonde pour qu'on pût l'y mettre à flot. Il fallut trois voitures traînées chacune par six bœufs, pour emporter les débris de ce pin, après que nous en eûmes tiré cinq grandes poutres. » Le narrateur ne tarit pas sur les dimensions extraordinaires de l'arbre qu'il est fier d'avoir terrassé.

Dans les forêts des pays plats ou faiblement accidentés, le bûcheron éprouve généralement peu de difficultés et ne court guère de danger; il a toutes ses aises, il choisit son terrain, il assure sa pose, il mesure ses mouvements, surveille l'effet de ses coups, sait le moment et la direction de la chute de l'arbre qu'il tranche; les accidents sont rares. Il n'en est pas de même dans les montagnes. Ici les massifs de sapins croissent le plus souvent sur des pentes abruptes, glissantes, au-dessus de précipices profonds. Il faut d'abord que le bûcheron, les pieds munis de crampons, grimpe le long de l'arbre pour couper toutes les branches inférieures et débarrasser le tronc des lierres, des plantes parasites qui presque toujours l'enlacent d'un réseau de cordages enchevêtrés. Cette opération terminée, il entame à coups de hache le large pied du vieux sapin. Mais le sol lui refuse tout point d'appui; il ne sait où se tenir; on le voit tantôt ramassé sur lui-même, les talons enfoncés

dans la mousse ou accrochés à l'arête d'un rocher, tantôt
à demi redressé, les pieds cramponnés à quelque racine
saillante, ayant toujours à garder son équilibre menacé
à tout moment par un élan trop hardi ou par le choc en
retour d'un coup mal assené. Enfin l'arbre craque, s'abat
avec fracas et glisse rapidement sur la pente, où il n'est
retenu que par la ramure de sa cime : quelquefois une
branche oubliée sur le tronc ou bien la cime elle-même
saisit le malheureux bûcheron et, comme une fronde, le
lance dans l'abîme.

Lorsque les arbres sont abattus, ce n'est pas une moindre
difficulté que de les amener au bas de la montagne. S'il
s'agit de bois de faibles dimensions et que l'on a sciés
sur place, et si le versant de la montagne présente des
pentes modérées et à peu près régulières, on se sert de traîneaux plats que l'on fait glisser sur une voie formée de
bûches transversales, parallèles, distantes de 40 centimètres environ et solidement maintenues par des piquets
fichés en terre. Ces traîneaux, communément employés
dans les Vosges, portent le nom de *schlittes*. On empile sur
chacun d'eux 5 ou 6 mètres cubes de bois. Un homme, le
schlitteur, se place à l'avant du traîneau, dont il saisit les
deux brancards recourbés, et il dirige la descente en se
retenant avec les pieds à chaque barreau de cette échelle
gigantesque. Quand le sol devient plat, il tire péniblement ; dans les endroits rapides, l'énorme fardeau pèse
sur lui, le pousse, et il le retient, se renversant en arrière, s'arc-boutant sur ses jambes raidies contre les
échelons. S'il fait un faux pas, si la force lui manque un
instant, il est perdu : le traîneau le renverse et l'écrase,
ou bien, déraillant à un tournant, le jette et le brise contre
un rocher ou un tronc d'arbre.

Pour le transport des grosses pièces, le schlittage n'est
pas possible, il faut avoir recours à un autre procédé.
On construit du haut en bas de la montagne des conduits
en bois dans lesquels on jette les troncs d'arbres, soit

entiers, soit coupés en tronçons, et ceux-ci descendent
d'eux-mêmes, entraînés par leur propre poids. Ces conduits, appelés *lançoirs*, ou *glissoirs*, sont employés dans
toutes les Alpes suisses et aussi en Tyrol, en Styrie. Ils
sont composés de plusieurs troncs solidement attachés les
uns aux autres de façon à former un canal semi-cylin-
drique, une sorte de gouttière de 5 à 5 pieds de largeur.
Autant que possible on les établit sur le sol, mais là où
le sol fait défaut, on est obligé de les suspendre, comme

Le schlittage.

des ponts, dans le vide, au dessus d'une gorge, d'un vallon,
en les appuyant de place en place tantôt sur de frêles écha-
faudages, tantôt sur la cime d'un arbre isolé, sur la pointe
d'un rocher ou sur le toit d'un chalet. Il faut que ces canaux, sur toute leur longueur, qui est souvent de plusieurs lieues, tout en se conformant aux sinuosités de la
montagne, conservent toujours l'inclinaison nécessaire
et ne présentent jamais de coudes trop brusques ni de
courbes trop serrées. Ces audacieuses constructions coûtent quelquefois la vie aux bûcherons qui les exécutent.

Le glissoir est posé, prêt à recevoir les troncs d'arbres, mais les ouvriers n'ont pas terminé leur tâche; la descente ne s'opère pas toute seule; ils ont à la surveiller, à y mettre la main, et c'est un pénible et périlleux labeur. Ils commencent par répandre de l'eau sur le conduit, dès les premières gelées, afin que les fentes et les joints se remplissent de glace et que tout l'intérieur se couvre d'une couche de verglas. Puis ils amènent les bois, en les traînant, en les faisant rouler sur la neige durcie, jusqu'auprès de l'ouverture du canal. Alors un certain nombre d'entre eux vont se placer de distance en distance le long de la voie, armés de fortes gaffes; ils se tiennent surtout près des courbes où les troncs pourraient s'arrêter et même sauter dehors, quoiqu'on ait pris soin en ces endroits de rehausser le côté extérieur pour prévenir cet accident. Lorsque chacun est à son poste, on lance les billes les unes après les autres, et en quelques minutes elles franchissent des lieues avec un roulement sourd et prolongé que l'on entend de très loin. On a vu, au glissoir d'Alpnach, sur le flanc du Pilate, des sapins de 80 pieds ne mettre que deux minutes et demie pour faire un trajet de trois lieues. En général on évite de lancer des arbres tortus, qui pourraient entraver les autres. Aussitôt qu'il se produit un obstacle quelconque, la sentinelle donne un coup de sifflet, qui, répété de proche en proche jusqu'au point de départ des billes, arrête immédiatement le travail; une fois l'obstacle vaincu, un nouveau signal retentit et le lancement des bois recommence.

« Quand il fait une série de jours froids et secs suivis de nuits sereines, on travaille ainsi sans aucune interruption, au prix de fatigues et de privations inouïes. La manière de vivre de ces ouvriers est extraordinairement sobre. Jamais ils ne boivent de spiritueux; obligés de rester de longues heures à la même place et par les froids les plus rigoureux, ils pourraient s'assoupir sous l'influence de ces boissons, et le sommeil serait leur mort. Quelquefois ils

Un lançoir au-dessus d'un torrent, en Suisse.

entretiennent des feux, qui, au fond de ces sombres gorges ou sur la crête des rochers, produisent des effets fantastiques : les arbres chargés de givre ou de neige que frappe la lumière de ces feux, ont l'air de fantômes aériens.

« Et à quels dangers sont constamment exposés ces hommes ! Malgré leurs crampons, ils courent risque de glisser sur les rocs couverts de glace et de se précipiter ; ou bien, quand les billes se sont entassées ou entre-croisées dans les lançoirs, il faut à tout prix les dégager : un ouvrier monte sur le bord du canal poli comme un miroir, et il frappe sur les troncs avec sa hache ; s'il ne réussit pas, l'imprudent se hasarde sur l'un d'eux pour essayer de mettre en branle ceux qui sont au-dessous... Soudain toute la masse se met en mouvement au moment où il s'y attendait le moins ; s'il a le temps de faire un bond de côté, il est sauvé, mais que de fois n'arrive-t-il pas qu'il soit entraîné et écrasé ! Il y a bien peu de ces pauvres gens qui, arrivés à un certain âge, ne soient pas estropiés d'une façon quelconque, ou qui n'aient eu les pieds gelés[1]. »

1. A. Berlepsch, *les Alpes.*

CHAPITRE IX

Sans la forêt, c'est-à-dire sans le bois, on ne conçoit pas comment l'espèce humaine, nue, débile, dépourvue de moyens naturels de défense, aurait pu subsister sur la terre. C'est de la forêt que les premiers hommes ont tiré la hutte qui leur a servi d'abri, le feu qui a tempéré pour eux la rigueur des hivers, des armes pour détruire ou dompter les bêtes sauvages, plus fortes et plus agiles qu'eux. C'est grâce à elle que nous avons pu ouvrir le sein de la terre pour l'ensemencer, en transporter les produits, traverser les fleuves, les lacs, l'Océan, et quand ils devaient nous engloutir, nous faire porter par eux : nous lui devons nos demeures, nos meubles, nos outils, nos machines, nos arts, notre civilisation. « J'ai voulu quelquefois, dit Bernard Palissy, mettre par estat les arts qui cesseroient, alors qu'il n'y auroit plus de bois; mais quand j'en eus escript un grand nombre, je n'en sus jamais trouver la fin à mon esprit; et ayant tout considéré, je trouvay qu'il n'y en avoit pas un seul qui se peust exercer sans bois. »

Pour apprécier de quelle valeur est pour nous le bois, cette merveilleuse matière qui se prête à tout, assez tendre pour se laisser tailler, et pourtant si solide et d'une durée presque indéfinie, il suffit de considérer la misère des peuples qui en sont privés. L'Esquimau, dans sa patrie glacée et stérile, n'a que des ossements de cétacés pour dresser sa tente, construire son canot et son traîneau; c'est pour lui un bienfait inestimable, accueilli avec des transports de joie, quand par hasard la mer jette sur ses rivages quelque fragment de planche, débris d'un naufrage, ou quelque tronc d'arbre amené par les courants de contrées plus favorisées, et ce fait d'un Esquimau qui, un jour, restitua volontairement à un navigateur une rame qu'il avait trouvée en mer, fut justement regardé comme un acte de probité digne d'admiration.

Moins loin de nous, en France même, nous trouvons tel village des Alpes dont les habitants, depuis la malheureuse destruction des forêts de leurs montagnes, sont réduits à se chauffer uniquement avec le fumier de leurs bestiaux et à manger un pain que l'on cuit seulement une fois par an, et qu'il faut couper avec une hache.

Les vastes déserts sablonneux de l'Afrique, les immenses steppes de l'Asie, les pampas de l'Amérique méridionale qui, non moins que les glaciales régions arctiques, se refusent à la végétation forestière, excluent également toute cité humaine, toute société sédentaire.

Les arbres de nos forêts, différant entre eux de taille, de forme et surtout de structure intérieure, sont employés à des usages divers. Le Chêne est le plus précieux de tous. Toutes les fois qu'on a besoin d'un bois particulièrement solide et durable, on a recours à lui. C'est au Chêne qu'il appartient de fournir la robuste charpente des vaisseaux; on en tire les différentes pièces, les unes droites, les autres courbes, les autres coudées, qui formeront les membrures et les bordages de la coque. Pour cet office, le plus important que cette noble essence ait à remplir, on choisit des sujets d'élite, non parmi ceux qui se sont facilement développés dans un sol humide et gras, au milieu des massifs ombreux de la forêt, mais parmi les arbres qui ont poussé dans un terrain sec, sur les lisières, ou bien isolément : le soleil, le grand air les ont fortifiés; leur fibre est devenue maigre et nerveuse; en luttant sans cesse contre les vents, ils se sont préparés au choc des vagues, aux tempêtes qu'ils auront à affronter[1].

Le Chêne a encore d'autres emplois : il donne des poutres pour toutes nos constructions, des traverses pour les chemins de fer, des douves pour les cuves et les tonneaux, des bois de menuiserie et d'ébénisterie de toute sorte, des perches pour les galeries de mine, des échalas pour la vigne, et, comme chacun sait, d'excellent bois de feu; il se prête à tout, et en tout il excelle. Adopté par la sculpture au moyen âge, il nous a transmis des chefs-d'œuvre que le temps semble avoir achevés en les bronzant d'une sombre et chaude couleur brune.

Le Hêtre, cet autre géant des forêts, joue dans l'industrie un rôle plus modeste. Comme il se montre peu résistant, d'une élasticité médiocre, prompt à casser, on se défie de lui; on l'exclut des grands travaux; on ne l'admet qu'à de moindres besognes. Débité en menus morceaux, en feuilles minces, on l'emploie à la fabri-

---

1. Malheureusement nos forêts, diminuées et appauvries, ne contiennent plus assez de grands chênes pour satisfaire aux besoins de notre marine. Un grand navire demande, seulement pour sa charpente, une quantité énorme de bois, — en moyenne 6000 mètres cubes équarris, c'est-à-dire le double, 12 000 mètres cubes de bois brut : c'est le produit annuel d'une forêt de 2400 hectares! La marine militaire réclame annuellement, pour l'entretien de sa flotte, 40 000 mètres cubes de bois équarri, et le domaine forestier de l'État ne peut lui en donner que 10 000. Notre marine marchande, de son côté, en exige 60 000, que toutes les forêts des communes et des particuliers, plus indigentes encore que celles de l'État, sont bien loin de pouvoir fournir. C'est hors de chez nous, et à grands frais, que notre coupable insouciance nous a condamnés à nous pourvoir. Et la Gaule était la vraie patrie du chêne !

cation des meubles, des sabots, des manches d'outils,
ou à de légers ouvrages de boissellerie.

Remarquablement élastique et tenace, le Frêne devait
être préféré à tous les autres arbres pour faire des
échelles, des brancards de voiture, des rames, des
leviers, des chaises, des pieds de meubles. Le beau poli
dont il est susceptible le fait rechercher des tourneurs,
des ébénistes, des armuriers.

Le Charme, très dur, lourd, d'un grain uni et serré,
ne craint pas les plus fortes pressions. On le réserve
pour former des écrous, des roues d'engrenage, des pou-
lies, des vis de pressoir. Il est en même temps le plus
brillant des bois de chauffage.

L'Orme, non moins dur, très compacte, est par excellence le bois des charrons. Entaillé en tous sens, il
n'éclate dans aucun, même quand il est soumis à d'énergiques pressions. Aussi est-il sans rival pour faire des
moyeux et des jantes de roues. Il fournit des poutres très
solides. Pour le chauffage, il se place après le Charme,
au même rang que le Chêne.

Le Châtaignier, à la fois léger et résistant, donne
d'excellente charpente pour les combles des grands édifices. Libre dans un air sec, à l'abri de la pluie, il se
conserve très longtemps. Emprisonné dans la maçon-
nerie, il pourrirait. Exploité en taillis, coupé tous les
sept ou huit ans, il repousse indéfiniment de longues
gaules dont on fait des cercles pour les tonneaux et des
lattes de treillage.

Les pilotis durables, les corps de pompe se demandent
à l'Aune, ami des eaux. Les menuisiers recherchent
l'Érable, les luthiers le Sycomore et le Tilleul, les boulangers le Bouleau, dont le bois lâche et tendre s'allume
vite, flambe bien et chauffe rapidement leurs fours. Un
tissu fin, uni, serré, très dur, désigne spécialement le
Poirier sauvage, le Cormier et le Buis au choix des sculp-
teurs et des graveurs sur bois.

Les arbres résineux ne sont pas moins utiles. Le Pin sylvestre, haut de cent pieds, droit, léger, fort, flexible, est un mât tout fait pour les navires. Il a appris, dans ses forêts du nord, à se mesurer avec l'ouragan, à se balancer dans la tempête, et quand les vergues et les voiles auront remplacé sa ramure et son feuillage, il saura encore ployer sans rompre sous l'effort des vents. Le Pin donne aussi de grandes poutres pour la construction des ponts et des jetées, pour tous les travaux hydrauliques, ou encore, débité à la scie, il fournit des planches pour le revêtement des bateaux, pour les parquets. Jeune, il fournit des perches, des traverses, des poteaux.

Le Sapin est impropre à la mâture; un seul voyage sous les tropiques le met hors de service. Mais c'est lui qui encombre les quais de nos ports de ces énormes piles de planches venues de Suède et de Norvège, que de nouveaux arrivages renouvellent sans cesse et qu'absorbe sans fin la menuiserie de bâtiment. La résine dont ce bois est imprégné le défend longtemps contre l'action de l'humidité. Comme sa grande élasticité le rend propre aux vibrations prolongées, il donne d'excellentes tables d'harmonie pour les pianos.

Le Mélèze, qui croît dans les montagnes, est, pour la dureté du bois, supérieur à tous les autres résineux. Il brave le soleil et les pluies; il ne se fend pas, il ne pourrit pas. Des chalets, construits avec des madriers de Mélèze empilés à plat les uns sur les autres, il y a huit et neuf siècles, sont encore debout. N'étant pas flexible, il ne ferait pas de bons mâts, il casserait; mais il fournit des bordages de navire, des charpentes pour les ouvrages hydrauliques, ainsi que des gouttières et des conduites d'eau souterraines d'une très longue durée.

Le Pin maritime, inférieur au Pin sylvestre, donne néanmoins au bout de peu d'années des étais de mine et un bois léger, résineux, qui flambe comme une torche, jette d'un seul coup toute sa chaleur et, à ce titre, partage avec le Bouleau la faveur du boulanger. Mentionnons encore l'If, dont le bois rougeâtre, dense, durci par une croissance très lente, est recherché du tablettier aussi bien que du charpentier et du charron, et le Genévrier, l'humble abrisseau des sols arides et pierreux, presque toujours rabougri, difforme, tortueux, dont on estime pourtant le bois, agréablement veiné et nuancé. pour les ouvrages de tour et de marqueterie.

Un grand nombre de bois exotiques fournissent d'inappréciables ressources à l'ébénisterie : tels sont l'Acajou, le Palissandre, le bois de Rose, l'Ébène, le bois d'Amaranthe, le bois Citron, le bois de Santal citrin, le bois Violette, le bois de Grenadille, le bois de Sassafras, le bois satiné, et bien d'autres, si nombreux qu'il faut renoncer à les nommer.

Nous ne passerons pas sous silence l'heureuse propriété qu'ont les bois de se laisser pénétrer par des substances qui les préservent de la décomposition et leur communiquent ainsi des qualités dont la nature ne les avait pas doués. Fournissez à un arbre vivant un liquide antiseptique : il l'absorbera comme il absorbe les sucs de la terre, par ses racines, puis par ses vaisseaux ; il s'en imprégnera jusqu'au cœur. C'est ce qu'a imaginé et mis en pratique, dès 1838, M. le docteur Boucherie. Depuis, le même inventeur a employé un procédé plus expéditif et moins dispendieux : l'arbre abattu et coupé en tronçons de la longueur voulue, on adapte à l'un des bouts de la pièce de bois, revêtue de son écorce, une enveloppe de toile imperméable, qu'un tube de caoutchouc met en communication avec un réservoir placé à environ dix mètres de hauteur ; le liquide, chargé de son propre poids, presse sur la surface poreuse du bois, y pénètre et chasse de proche en proche la sève, qui s'écoule par l'extrémité opposée. Non seulement ce liquide conservateur, qui est généralement une dissolution de sulfate de cuivre, s'interpose entre les fibres ligneuses, mais il y forme, avec les diverses matières qu'il y trouve, des composés solides, inaltérables, qui augmentent considérablement la densité et la dureté du bois : celui-ci acquiert donc à la fois la force et l'incorruptibilité.

Ce sont précisément les bois tendres, d'un tissu lâche et mou, qui se prêtent le mieux à cette opération. Le Hêtre, le Bouleau, le Peuplier, le Sapin, l'Épicéa la subissent sans la moindre difficulté, tandis que le Chêne s'y montre presque absolument rebelle.

Les conséquences de cette transformation des bois débiles en bois forts et résistants sont immenses. S'il avait fallu du chêne pour toutes les traverses de nos chemins de fer (chaque kilomètre de voie ferrée en exige environ 1200), nous aurions dû renoncer à construire notre réseau[1]. Le hêtre injecté le remplace avantageusement ; il coûte moins cher et il vaut mieux : la durée des traverses de chêne est de dix années, celles de hêtre en dureront au moins cinquante ! Tandis que les poteaux servant à soutenir les fils télégraphiques, employés à l'état naturel, sont hors de service au bout de trois ou quatre ans, les poteaux injectés sont encore, après vingt et trente ans, dans un état parfait de conservation. L'invention de l'embaumement des bois se traduit par une économie de plusieurs centaines de millions pour la fortune publique. Le même procédé permet de communiquer aux bois des couleurs et même des odeurs dont ils ne sont pas naturellement doués.

---

1. Les six grandes compagnies de chemins de fer français ont eu besoin pour l'entretien de leurs voies, en 1877, de 2 563 000 traverses de bois, employées à servir d'appui aux rails. Rapporté à la longueur totale des voies principales exploitées, ce chiffre énorme représente 93 traverses par kilomètre et plus de 7000 par jour. En supposant qu'un arbre donne en moyenne 10 traverses, il fallait dès 1877, pour l'entretien des voies du réseau français, abattre par jour plus de 700 grands arbres. Ce chiffre s'élèvera nécessairement beaucoup plus haut lorsque les nouvelles voies projetées seront construites.

Quand les arbres d'une coupe ont été abattus, équarris, débités en pièces de dimensions diverses, selon l'usage auquel on les destine, les branchages que la serpe a d'abord élagués ne restent pas sans emploi : les plus forts sont convertis en charbon, les autres liés en bourrées. Par la carbonisation on se propose de débarrasser le bois des matières pesantes, inertes, qui le chargent inutilement, pour ne conserver que l'élément essentiel, producteur de la chaleur, le carbone. Chacun a vu, dans les bois, à proximité des routes, de ces places rondes, dépourvues d'herbe et noircies par une couche épaisse de menue braise : c'est l'emplacement d'anciens fours à charbon, et c'est celui qu'on choisira de préférence pour en établir de nouveaux, le sol s'y trouvant tout préparé et dans de bonnes conditions de sécheresse et de fermeté. L'opération demande plus de soin et d'habileté qu'on ne le supposerait. Les ouvriers commencent par dresser la meule, et c'est une véritable construction. Au centre de l'aire, ils plantent un long pieu, dont ils enveloppent la base de quelques brassées de brindilles et de copeaux ; puis ils placent le bois tout autour, d'abord debout, en l'inclinant un peu vers l'axe central, et ils superposent deux ou trois étages de ces bûchettes dressées ; ensuite ils posent les autres à plat, une à une, en ordre et de façon à ce qu'elles forment les rayons d'un cercle. Sur ce premier plancher ils empilent de nouvelles couches horizontales, en ayant soin de remplir les moindres intervalles avec du menu bois pour ne laisser aucun vide, et en diminuant successivement le diamètre des couches supérieures, ce qui donne à l'édifice la forme d'un dôme. Enfin on recouvre la meule d'un revêtement de ramilles, de feuillages, de mousse, sur lequel on applique enfin un crépi de terre et de sable. Sur le pourtour et à la base de cette enveloppe imperméable, on ménage, à intervalles égaux, des ouvertures pour l'admission de l'air.

La meule est faite, il faut l'allumer. Le pieu central

ayant été retiré, la place qu'il occupait forme une cheminée par laquelle on jette des charbons embrasés, et que l'on bouche après l'avoir comblée avec du bois, quand le feu a bien pris dans l'intérieur du bûcher. Bientôt après on perce des évents dans la partie supérieure de la couverture pour donner issue aux produits de la combustion : on juge des progrès de celle-ci à l'abondance et à la couleur de la fumée qui se dégage; lorsqu'elle est devenue bleuâtre, légère et transparente, le charbonnier perce de nouveaux évents au-dessous des premiers, qui cessent de fonctionner, et ainsi de suite jusqu'à ce que les ouvertures de dégagement, descendant toujours, soient arrivées à peu de distance de celles du bas, qui servent à l'introduction de l'air. Alors on ferme tous les orifices et l'on couvre la meule d'une couche de terre humide, qui étouffe et éteint complétement le brasier. Au bout de 24 heures, on enlève la couverture et l'on retire le charbon, que l'on étale sur le sol pour le laisser refroidir.

Une précaution que le charbonnier n'a pas négligé de prendre, c'est d'abriter la meule, au moyen de paillassons ou de claies formées avec des branchages, contre les coups de vent qui activeraient trop la combustion : il est essentiel qu'elle se fasse avec lenteur et régularité.

L'opération a duré en tout 18 jours. Si le charbon est dur, compacte, sonore, cassant, net et brillant dans la cassure, il est excellent, et le charbonnier qui l'a cuit sait son métier.

La consommation du charbon de bois est énorme. Il en entre chaque année à Paris seulement, tant pour les usages domestiques que pour certaines industries, plusieurs millions d'hectolitres. Les usines métallurgiques en dévorent, pour la fabrication du fer, plus de 5 millions de quintaux métriques, valant environ 30 millions, c'est-à-dire le produit annuel de 2 millions d'hectares de forêts. Les hauts fourneaux emploient aussi la houille, mais seulement pour les fers communs et à bas prix. Un fer

tenace, au grain serré et homogène, à la fibre nerveuse
et résistante, ne peut être obtenu qu'au moyen du charbon de bois. Si les fers à la houille se payent 140 ou 150
francs la tonne, les fers au bois, ceux par exemple que
l'Angleterre tire de la Suède pour obtenir ses fameux aciers
de Sheffield, se payeront jusqu'à 800 francs.

Le bois d'industrie et le bois de feu ne sont pas les
seuls produits des forêts. Nous leur devons encore diverses
matières qui sont devenues pour nous des objets de première nécessité, et parmi lesquelles certaines écorces et
la résine se placent au premier rang.

Personne n'ignore que l'écorce du Chêne sert au tan-
nage des peaux : l'acide tannique qu'elle contient se
combine avec la gélatine de la peau, et la transforme en
une substance nouvelle, à la fois imperméable et impu-
trescible, qui est le cuir. Les écorces de Bouleau, d'Aune
et d'Epicéa ont la même propriété.

L'écorcement ne s'opère que sur les arbres destinés à
être abattus. Il se fait au printemps, en avril ou en mai,
parce qu'en ce moment la sève abondante qui monte sous
l'écorce rend celle-ci moins adhérente au bois, la décolle
en quelque sorte et en facilite le détachement. On commence par entailler circulairement le pied de l'arbre,
puis on divise l'écorce en bandes longitudinales, que l'on
arrache de bas en haut. On dépouille la partie supérieure
de la tige quand l'arbre est abattu et couché par terre.
Les lanières d'écorce sont ensuite séchées au soleil et
liées en bottes. Un hectare de taillis de Chêne de 20 à
25 ans peut donner environ 500 bottes, valant entre
500 et 1000 francs. Tout le monde a vu, dans les pays
forestiers, au bord des ruisseaux et des rivières, parmi
les Peupliers et les Saules, ces moulins, tout couverts
d'une poussière rougeâtre, où les écorces sont pulvérisées
et converties en tan.

Ce produit de la forêt alimente un commerce très
important. D'après M. Clavé, on évalue à 100 millions

de kilogrammes la quantité de peaux qui entrent annuellement dans les tanneries françaises; il faut, pour les tanner, 1 kilogramme de peau exigeant 3 kilogrammes de tan, environ 303 millions de kilogrammes d'écorce. En outre, notre exportation annuelle étant de 10 millions de kilogrammes, on arrive à un total de 313 millions de kilogrammes d'écorce, représentant la production de 90 000 hectares de forêt.

Le Liège, dont on fait les bouchons, cette substance à la fois compacte et molle, souple et résistante, imperméable et élastique, qu'aucune autre ne saurait remplacer, est l'écorce ou plutôt une partie de l'écorce d'un Chêne qui croît dans les contrées que baigne la Méditerranée, dans le midi de la France, en Espagne, en Italie, ainsi qu'en Algérie, où cette essence forme plus de 200 000 hectares de forêts. Jeune, le Chêne-Liège n'a qu'une écorce mince et dure, dont on ne peut tirer parti; mais après l'âge de douze ans, et quand on l'a dépouillé de cette première enveloppe, il acquiert une nouvelle couche subéreuse, charnue, spongieuse, qui est du véritable liège. Lorsque cette couche est devenue suffisamment épaisse, on la détache par grandes plaques, après avoir pratiqué sur le tronc deux incisions circulaires, reliées par une incision verticale. L'arbre n'a nullement souffert de cette opération; loin d'en mourir, il se remet à former une autre écorce, qu'au bout de dix années on lui enlève encore. On recommence trois et quatre fois, cinq fois, dix fois. Il y a des Chênes séculaires qui ont fourni jusqu'à douze et quatorze récoltes. On estime qu'une forêt produit en moyenne, par hectare, quinze quintaux métriques de liège; c'est une valeur de 150 francs et un bénéfice net de 100 francs : peu de bonnes terres rapportent autant.

Le Tilleul est aussi du nombre des arbres dont l'écorce est non moins utile que le bois. Tous les ans, au printemps, dans la forêt de Chantilly, qui abonde en Tilleuls

Écorçage du chêne-liège.

(de là vient son nom), on voit de nombreux ouvriers
occupés à arracher l'écorce des jeunes arbres que vient
d'abattre la cognée. Cette écorce, sous laquelle ruisselle
la sève, s'enlève avec la plus grande facilité d'un bout
à l'autre de la tige. Après qu'on l'a laissée tremper
quelque temps dans l'eau, on la découpe en étroites
lanières, dont on fait des liens, plus solides et plus souples que ceux de paille, pour les gerbes de blé.

Mais c'est surtout en Russie que l'écorce de Tilleul,
ou tille, donne lieu à un commerce étendu. « Il n'est pas
rare, dit M. Clavé, de voir dans les ports d'Arkangel, de
Riga et de Saint-Pétersbourg, des navires à destination
de l'Angleterre et de l'Allemagne en composer toute
leur cargaison. La consommation intérieure en réclame
également une prodigieuse quantité. Il faut avoir par-
couru la Russie, il faut avoir vu les habitations des
paysans, les bazars des petites villes, la foire de Nijni-
Novgorod, pour se faire une idée de la variété d'usages
auxquels on emploie l'écorce de Tilleul et les nattes dont
elle fournit la matière. On en fait des sacs pour la farine
et les grains, des enveloppes pour les caisses où sont
emballées les marchandises de toute nature, des dou-
blures pour les charrettes des paysans, des tapis pour
les planchers et les ponts des bateaux, des cribles à
vanner le blé, des filets dans lesquels les rouliers mettent leur provision de foin. Sur les barques qui sillonnent les rivières et les canaux, les câbles, les cordes et
les voiles mêmes sont fabriqués avec la tille. Dans une
grande partie de la Russie, cette écorce sert à confec-
tionner des chaussures pour le peuple et des couvertures
pour les maisons; autrefois même on l'employait en
guise de parchemin, et l'on cite des documents écrits
et des tableaux peints sur des toiles de tille préparée à
cet effet. »

L'écorce de la partie inférieure des arbres, qui fournit
des plaques de 1 mètre 60 centimètres de long sur

1 mètre de large, sert ordinairement pour les toitures. Celle de la partie supérieure et des branches, après qu'on l'a plongée dans l'eau et fait rouir, est divisée en rubans minces et déliés, puis tissée au métier en nattes plus ou moins fortes, selon l'emploi que l'on veut en faire. On évalue à 8 millions de francs la valeur des nattes fabriquées annuellement, et à 14 millions celle de la totalité des objets façonnés avec la tille. Une industrie aussi active exige le sacrifice annuel d'au moins un million de Tilleuls.

Enfin la résine, d'où la distillation extrait la térében-thine pure en la séparant de différents résidus, utiles eux-mêmes, est un produit de certains conifères, particulièrement du Pin maritime ou Pin de Bordeaux. Rien n'est plus simple que d'obtenir la résine : on pratique sur les Pins, quand ils ont atteint l'âge de 25 ou 30 ans, des entailles longitudinales, assez profondes pour entamer l'aubier, et le suc résineux suinte dans ces entailles, s'y amasse et coule. On le recueille dans des vases placés au pied des arbres. Chaque semaine, le résinier vient enlever le contenu de ces vases et en même temps raviver les blessures des Pins. Cette opération, appelée *gemmage*, occupe dans nos forêts des Landes de nombreux ouvriers, que l'on voit munis d'une hache et d'une échelle à un seul montant, grimpant comme des écureuils le long des troncs à dix pieds de hauteur, assénant d'une main rapide quelques coups de leur outil tranchant, descendant ou plutôt sautant à terre, courant sans cesse d'un arbre à l'autre et s'enfonçant dans les profondeurs de la futaie. Quand on se borne à faire deux entailles à un Pin, il ne paraît pas en souffrir; il peut végéter, toujours blessé, saignant, perdant continuellement sa résine, 100 et 120 ans. Dans ce cas, on dit qu'il est *gemmé à vie*. Mais quand les arbres sont destinés à tomber dans une coupe prochaine, on ne les épargne pas, on les entaille sur toutes les faces à la fois, ils sont *gemmés à mort*, et en effet ils périssent au bout de peu d'années. La résine est un élément considérable de notre richesse forestière. Chaque hectare de Pins maritimes en donne annuellement 550 kilogrammes (350 de résine liquide et 200 de résine coagulée). Nous en exportons chaque année au moins 5 250 000 kilogrammes, dont

Le gemmage du pin.

la valeur est de 2 700 000 francs. C'est peut-être le seul produit forestier pour lequel nous ne soyons pas tributaires de l'étranger.

Le Mélèze, l'Épicéa, le Pin du nord sont aussi, mais à un moindre degré, des producteurs de résine. On extrait du Mélèze la térébenthine officinale ou de Venise, en perçant dans la base des plus vieux troncs, tout près du sol, un trou horizontal conique qui pénètre jusqu'à la moelle et dont on bouche l'ouverture avec un tampon de bois. La résine s'amasse dans ce canal et on la recueille, en automne, au moyen d'un instrument en fer. Ce procédé est employé dans le Tyrol méridional. Les arbres, n'étant pas épuisés, se prêtent à une très longue

Récolte de la résine.

exploitation. La poix blanche ou poix de Bourgogne, que fournit l'Épicéa, suinte, s'accumule et durcit dans les rainures creusées, généralement au nombre de trois, sur l'écorce de cet arbre. Avant l'hiver, on la détache et, tous les deux ans, on râcle les rainures pour les raviver; quand elles sont épuisées, on en creuse de nouvelles. On voit des Épicéas séculaires, au tronc tout crevassé, subir depuis 80 ans ce régime et n'en paraître nullement fatigués. Le Pin du nord n'est pas riche en résine, mais, en Finlande, on le force à livrer toute celle qu'il renferme par un traitement meurtrier. A peine les jeunes tiges ont-elles atteint le diamètre de 25 ou 30 centimètres, on les ébranche et on les décortique depuis le collet jusqu'à hauteur d'homme, en ne leur laissant qu'un étroit ruban d'écorce. L'année suivante, on leur enlève même cette lanière. Laissés ainsi pendant deux ou trois ans, les arbres languissent, se dessèchent, et leur bois dénudé se recouvre d'une croûte de résine, que l'on récolte. Ce n'est pas assez; on les abat et on les débite en lattes minces que l'on brûle et liquéfie dans un four clos, semblable aux fours à charbon de bois. Le goudron s'écoule par un conduit ménagé au fond de la fosse où se fait l'opération.

Il faut compter encore au nombre des produits utiles de nos forêts les feuilles mortes qui, dans certains pays pauvres en céréales, servent de litière aux bestiaux; le fruit du hêtre, la faîne, d'où l'on tire une huile estimée, et le gland, dont s'engraissent les porcs, soit qu'ils aillent le chercher eux-mêmes sous la futaie, soit qu'on le ramasse pour eux et qu'on le leur donne à l'étable. Enfin l'herbe qui tapisse le sol de la forêt peut être sans inconvénient, quand les arbres sont grands, broutée par les troupeaux, et c'est là une précieuse ressource dans les contrées privées de pâturages.

CHAPITRE X

Les forêts de l'Amérique septentrionale. — Aspect d'une forêt vierge
du nord. — La vie dans les bois : les pionniers ; les défricheurs
canadiens ; les bûcherons voyageurs et flotteurs.

L'Amérique septentrionale est une des parties du
globe dont les massifs forestiers, malgré d'effrénés défrichements par le fer et par le feu, ont conservé le plus
d'étendue, et présentent les arbres les plus remarquables
par leurs dimensions comme par leur variété. On compte
dans cette vaste contrée cent trente-sept essences diverses,
dont quatre-vingt quinze servent à l'industrie. L'Europe
est loin de posséder de pareilles richesses. En France,
nous n'avons que trente-sept espèces d'arbres, et sept
seulement se prêtent aux constructions maritimes ou
civiles. La famille des Chênes seule comprend, aux
États-Unis, vingt-six types différents, dont aucun, il est
vrai, ne surpasse et même n'égale en qualité l'admirable
Chêne rouvre de nos forêts européennes. C'est aussi à bon
droit que l'Amérique du Nord se glorifie de ces géants
du règne végétal, le Pin de Bentham, le Pin de Lambert,
le Sapin noble, le Sapin de Gordon, l'Épicéa de Mertens,
surtout les Wellingtonias, qu'elle est seule à produire et
qui n'ont pas de rivaux sur la terre.

Ce sont des Sapins qui forment la zone forestière la
plus septentrionale du nouveau continent. Cette zone

commence à l'ouest dans l'Alaska, au niveau du 68ᵉ de
gré de latitude, et descend en écharpe vers le sud-est
jusqu'au lac Ouinipeg et au bas de la baie d'Hudson, sur
le 54ᵉ degré. A peine quelques arbres à feuilles caduques, des Saules, des Aunes, des Peupliers, jettent-ils
çà et là, pendant l'été, quelques teintes plus claires sur
les bords de cette sombre et monotone végétation. Au-
dessous de la région des Sapins, apparaissent, séparés
dans le centre de l'Amérique anglaise par de vastes espaces nus, de nouveaux massifs de Conifères, plus variés,
et comprenant plusieurs types admirables, tels que les
Sapins de Douglas et les Cèdres de l'Orégon ou Cyprès
jaunes, qui atteignent 60 et 80 mètres de hauteur; le Pin
de lord Weymouth s'y fait aussi remarquer. Les essences
feuillues ne font pas défaut à ces forêts; dans l'est, aux
alentours des immenses nappes d'eau des lacs canadiens,
des Chênes, des Frênes, des Érables, des Ormes se mêlent
aux arbres résineux. Cette flore s'étend sur les États sep-
tentrionaux baignés par l'Atlantique jusqu'à la baie de Che-
sapeake et, dans l'intérieur, jusqu'à la frontière méridionale du Kentucky, vers le 37ᵉ degré de latitude. On voit
des Tulipiers, des Lauriers sassafras s'avancer jusqu'au
milieu de cette zone moyenne, mais ils y perdent leurs
feuilles en hiver. A l'ouest, le territoire californien jouit
d'un climat à part, essentiellement marin, et donne
naissance, particulièrement dans ses montagnes, à de
nombreuses espèces de Conifères (vingt-huit, presque
autant qu'au Japon et plus que partout ailleurs), parmi
lesquels figure le fameux *Sequoïa gigantea*, ou *Wel-
lingtonia*. Enfin la zone forestière des États du Sud, où
la température correspond à celle du midi de l'Europe,
se caractérise surtout par la présence d'arbres à feuillage persistant, tels que le Chêne vert, l'Olivier dans la
partie septentrionale, et, dans la région méridionale, le
Magnolia toujours vert et le Palmier, qui annoncent le voisinage du tropique. Le Pin à longues aiguilles (Pinus aus-

tralis) couvre d'immenses espaces sur les côtes basses et marécageuses soit de l'Atlantique depuis la Virginie jusqu'à la Floride, soit du golfe du Mexique depuis la Floride jusqu'à la Louisiane.

Les bois de nos pays, situés à proximité des villes ou de nombreux villages, ne peuvent donner aucune idée de l'aspect d'une grande forêt américaine. On n'y trouve jamais un isolement ni un silence complets. Il y a toujours quelque promeneur, quelque passant dans les chemins, dont le sol, dépouillé de gazon, est écorché par les pieds des chevaux, tailladé par les roues des voitures. Dans les massifs, les hautes herbes sont foulées, écrasées. Ici quelqu'un ramasse du bois mort ou casse des branches sèches; là des enfants fourragent dans les buissons, coupant des gaules ou pillant les nids; ailleurs on arrache les mousses, on fauche les frondes des fougères, on enlève les feuilles mortes; partout du trouble et partout des dégâts, des flétrissures. Si l'on quitte les lisières pour s'enfoncer dans les parties les plus retirées du bois, là encore des bruits connus arrivent jusqu'à vous, ne vous permettent pas d'oublier les hommes et le train de la vie sociale ; ce sont les tintements d'une cloche de village, les coups de fouet et les cris d'un charretier, le chant des coqs, les aboiements d'un chien, la détonation d'une arme à feu, et, dans les intervalles, cette rumeur confuse, perpétuelle, qui flotte dans l'air des lieux habités.

Le voyageur qui, venant d'Europe, pénètre dans une des vastes forêts du Canada ou de l'un des États du nord, — le Maine, l'Ohio ou le Michigan, — se sent aussitôt saisi d'une profonde émotion : il s'étonne, il regarde, il écoute, il s'extasie. Sous ces hautes voûtes de feuillage supportées par d'innombrables fûts de pins et de chênes qui s'élancent d'un seul jet, dans un air immobile et une lumière amortie, réduite à un doux crépuscule, au milieu d'un silence tel qu'il croit n'avoir jamais jusqu'alors connu le silence, il goûte avec délices la complète solitude et l'indépendance absolue. Il se croit transporté dans un monde nouveau, et il est lui-même un nouvel être ; il lui semble que des chaînes et des fardeaux pesaient naguère sur lui et qu'il en est tout à coup délivré ; pour la première fois il est libre et vraiment en tête-à-tête avec la nature.

Châteaubriand, nouvellement débarqué en Amérique et traversant une forêt pour se rendre d'Albany à la cataracte du Niagara, a éprouvé bien vivement ces impressions. « J'allais, a-t-il écrit dans son journal, j'allais d'arbre en arbre, à droite et à gauche indifféremment, me disant à moi-même : Ici plus de chemins à suivre, plus de villes, plus d'étroites maisons.... Liberté primitive, je te retrouve enfin ! Je passe comme cet oiseau qui vole devant moi, qui se dirige au hasard, et n'est embarrassé que du choix des ombrages.... Courez vous enfermer dans vos cités, allez vous soumettre à vos petites lois, gagnez votre pain à la sueur de votre front : moi, j'irai errant dans mes solitudes ; pas un seul battement de mon cœur ne sera comprimé, pas une seule de mes pensées ne sera enchaînée ! » Et pour se prouver qu'il était rétabli dans ses droits originels, il se livrait à mille actes d'indépendance ; sa joie allait jusqu'au délire ; son guide le croyait fou.

Alexis de Tocqueville, voyageant avec un ami, M. G. de Beaumont, dans le Michigan, et remontant en canot un bras de la Saginaw à travers une immense forêt, ressentit le même enchantement. « Le désert était là, dit-il, tel qu'il s'offrit aux regards de nos premiers pères : une solitude fleurie, délicieuse, embaumée, magnifique demeure, palais vivant bâti pour l'homme, mais où le maître n'avait pas encore pénétré. Le canot glissait sans effort et sans bruit. Il régnait autour de nous une sérénité, une quiétude universelle. Nous-mêmes nous ne tardons pas à nous sentir comme amollis à la vue d'un pareil spectacle. Nos paroles commencent à devenir de plus en plus rares. Bientôt nous n'exprimons nos pensées qu'à voix basse, nous nous taisons enfin, et, relevant simultanément les avirons, nous tombons l'un et l'autre dans une tranquille rêverie pleine d'un charme inexprimable. »

Aucun voyageur n'échappe à la séduction de la forêt vierge ; l'homme civilisé y sent se réveiller impétueusement en lui des instincts primitifs qui n'étaient qu'assoupis ; il croit ressaisir le bonheur. Nous devons dire que cette première impression ne dure pas. En réalité, la grande forêt sauvage est inhospitalière ; elle est hors de proportion avec notre stature, avec nos forces et aussi avec les besoins de notre nature morale ; elle devient bientôt une menace, un danger pour la chétive créature humaine qui se confie à elle. Quand on a marché longtemps, sans chemin tracé, dans le labyrinthe de ses profondes colonnades, sous le dais ininterrompu de ses cimes entrelacées et confondues, on aspire à en atteindre la fin, et l'on désespère d'y parvenir. Est-on toujours dans la même forêt, n'a-t-on pas passé dans une autre à laquelle d'autres forêts vont succéder encore ? Ira-t-on ainsi, toujours sous bois, jusqu'au pôle, ou du rivage de l'Atlantique jusqu'au rivage du Pacifique ? Si, pour s'orienter, on monte sur le sommet d'une colline, on voit des dômes de verdure fermer de tous côtés le cercle de l'horizon, et l'on se demande si l'on n'est pas égaré dans une forêt magique qui marche en même temps que nous marchons. Dans cet océan de feuillage, on se sent aussi isolé, aussi abandonné qu'en pleine mer ; encore, sur mer, a-t-on la vue de l'espace immense, au fond duquel l'œil guette le port désiré, et le spectacle varié des paysages changeants du ciel, des jeux mobiles de la lumière.

Dans ces antiques forêts, de tout temps abandonnées à elles-mêmes, les ruines que fait la mort se mêlent partout à l'exubérance de la vie. Ici un vieil arbre, desséché, fendu, en partie dépouillé de son écorce, ne présente

plus qu'un sommet aigu et lacéré ; ses branches gisent
autour de son pied, pareilles à un amas d'ossements blan-
chis ; là, un autre, brisé par la foudre ou par le vent,
est tombé, mais il a été retenu au milieu de sa chute par
les arbres voisins et il reste suspendu en l'air, où il se
réduit en poudre sans toucher la terre autrement que par
ses débris. Un peu plus loin, tout un groupe de grands
Pins a été renversé, sans doute par un ouragan ; leurs
vastes racines ont soulevé avec elles d'énormes mottes de
terre qui forment plusieurs rangées de collines. Il y a des
endroits où il semble que les arbres morts aient été
réunis et entassés à dessein ; c'est un véritable cimetière,
un ossuaire végétal : de nombreuses générations de troncs
géants y sont couchées côte à côte ; les uns, complètement décomposés, ne sont plus représentés que par une
longue ligne de poussière rouge tracée sur l'herbe ; d'autres, squelettes décharnés, conservent encore leur forme ;
ceux-ci, tout noirs, gisent et pourrissent dans l'eau ; ceux-
là disparaissent sous un vert linceul de mousse. De tous
côtés, ces scènes de lente et fatale destruction, de violence tranquille et implacable, attristent les yeux du voyageur.

Mais c'est aux approches de la nuit que la forêt prend
surtout un aspect lugubre. Une humidité glaciale se répand dans l'air et vous pénètre comme une brume d'hiver.
Vous n'apercevez plus autour de vous que des masses
confuses, des formes bizarres, monstrueuses, des images
mystérieuses et fantastiques entre lesquelles s'enfoncent
des gouffres ténébreux. Le silence, dont vous aviez pu jouir
en plein jour, ne vous parle plus de repos et de paix ; il
devient d'une solennité formidable ; il vous donne le sentiment accablant du vide absolu, du néant. On n'entend
qu'un seul bruit, importun, odieux : c'est le bourdonnement aigu des moustiques. Ces insectes voltigent par myriades autour de vous ; ils envahissent la tente sous laquelle vous vous abritez ; le visage, les mains, toute partie

du corps qui n'est pas protégée par d'épaisses étoffes de laine, sont criblés de leurs cuisantes piqûres; il faut renoncer à dormir, à lire, à écrire, à rester immobile; on est forcé de remuer sans cesse pour se défendre contre eux, et on ne les a pas plus tôt chassés qu'ils reviennent à la charge. Les moustiques sont le fléau de ces solitudes; les loups ne sont rien en comparaison de ces petits suceurs de sang à la trompe acérée, venimeuse, insatiable.

Il faut une ferme résolution, un véritable courage, pour venir s'établir, comme le font les pionniers américains, au milieu de pareils déserts. La plupart de ces hommes ont quitté les villes ou les campagnes peuplées de l'est; ils ont connu les ressources, les douceurs de la civilisation, et ils vont chercher au loin l'exil, les hasards et les misères de la vie sauvage. Après un voyage de plusieurs semaines, et même de plusieurs mois, à travers des régions inconnues, presque inhabitées, avec un petit troupeau et une ou plusieurs charrettes chargées d'ustensiles de ménage, d'outils, d'instruments d'agriculture et de provisions, par des chemins affreux où à chaque instant il faut pousser à la roue, où cent fois on risque de verser, le pionnier, accompagné de sa famille, — souvent une jeune femme et de petits enfants, — prend enfin possession du lot de forêt qui ne lui a coûté que quelques dollars et qu'il se propose de cultiver. Il se trouve en présence d'un sol encombré de fourrés impénétrables, couvert de légions de grands arbres qui semblent s'affermir sur leur souche élargie, se cramponner par leurs puissantes racines, comme pour défendre leur domaine. Il y aura une rude bataille à livrer : l'émigrant l'engage aussitôt, il s'arme de sa hache et les premiers arbres qu'il coupe lui servent à se construire une demeure. C'est une cabane, formée de troncs non équarris, cimentés avec de la terre et de la mousse, ne contenant qu'un seul étage, qu'une seule chambre percée d'une porte et d'une fenêtre Dans l'intérieur, une aire en terre battue sert de foyer,

Établissements de pionniers dans l'Amérique du nord.

où flamberont en pétillant des branches résineuses. Les murs n'ont d'autre ornement que des fusils, des cognées, des serpes symétriquement suspendus, auxquels s'ajouteront quelques peaux de cerfs ou d'ours. Bientôt des sièges grossièrement façonnés et une table dont les pieds ont conservé des restes de feuillage desséché, garnissent le logis. Des malles, des caisses, des sacs sont rangés dans les coins.

Quant aux chevaux et aux bestiaux, on ne s'occupe ni de les loger ni de les nourrir. Plus tard, quand on en aura le loisir, on songera à leur construire une étable ou un simple hangar. Maintenant on se contente de leur attacher une clochette au cou, et on les lâche dans la forêt. Ils vont où ils veulent ; jamais ils ne se perdent ; leur instinct les retient aux environs.

L'habitation achevée et pourvue du mobilier strictement nécessaire, le pionnier se hâte de défricher. Pour aller plus vite, il renonce à la hache, il met le feu aux arbres, ou bien il emploie un procédé plus expéditif encore : il pratique sur chaque tronc une profonde entaille circulaire, pénétrant jusqu'au bois ; la circulation de la sève se trouve arrêtée et l'arbre est frappé de mort. On peut alors semer du maïs sous la futaie ; les cimes, dépouillées de feuillage comme en hiver, ne donneront qu'une ombre légère qui n'empêchera pas la récolte de mûrir. C'est le maïs qui, prospérant dans toutes les conditions, s'accommodant d'un sol abrité, encombré, humide et même marécageux, sauve, durant la première année, les émigrants de la famine.

Une des plus pénibles épreuves que ces exilés volontaires aient à subir, c'est l'isolement complet où ils se trouvent tout à coup plongés. Aussi, quand un messager inattendu survient parmi eux pour annoncer que tel jour, à tel endroit, un ministre méthodiste célébrera l'office religieux, avec quelle joie cette nouvelle est-elle accueillie ! A l'époque indiquée le pionnier, sa femme et ses enfants se rendent, à travers bois, au lieu de la réunion. Tous les autres planteurs de la contrée se sont également mis en route. On vient de cinquante, de cent milles à la ronde. Toutes ces familles campent dans les bois. C'est en plein air, sous la nef de la futaie, entre des lambris de feuillage, que la cérémonie a lieu. La chaire du prédicateur est une pile de bois dressée au milieu d'une clairière ; de grands arbres abattus servent de bancs à l'auditoire. On se groupe autour du pasteur, on écoute ensemble sa parole, on prie ensemble, on chante des cantiques ensemble. Le culte se renouvelle le lendemain, le surlendemain. On vit ainsi, pendant trois ou quatre jours, d'une vie commune ; on cause du passé, des soucis du présent, des espérances de l'avenir ; on se promet de se revoir ; puis on se sépare, et chaque famille réconfortée regagne sa solitude.

Il y a en outre un péril auquel ces hôtes des forêts américaines, au début de leur installation, échappent rarement. C'est la maladie, particulièrement la fièvre des bois, causée par les miasmes qui se dégagent de ce sol généralement parsemé de flaques d'eau stagnante, de marais fangeux où se décomposent des amas de détritus végétaux. Quand ce mal atteint quelque membre de la famille, — il les atteint quelquefois tous en même temps, — que faire ? Il n'y a de secours à attendre de personne ; les médecins sont à cent lieues de là. On fait comme les sauvages ; on se résigne, on s'en remet à la nature, qui fait grâce ou condamne.

Mais le planteur lutte avec énergie, avec persévérance contre toutes ces difficultés, et le plus souvent il en triomphe. Les années se passent, ses fils ont grandi et l'aident dans ses travaux. Le défrichement avance, gagne du terrain. La forêt recule devant les moissons dorées. Le froment a chassé les chênes. La cabane de bois est remplacée par une habitation confortable. A la pauvreté succède l'aisance, parfois la richesse.

Un défrichement, dans une forêt du Canada.

Dans les immenses forêts du Canada, des défricheurs de profession se chargent des premières opérations, qui sont les plus pénibles. Ils achètent du gouvernement provincial un lot d'un des cantons forestiers reconnus propres à la culture. Chaque lot est d'une quarantaine d'hectares, valant de 2 à 3 francs l'acre, c'est-à-dire les 40 ares, suivant la nature du sol et la situation. L'acquéreur s'engage à résider sur sa terre pendant deux ans au moins, à s'y construire une maison d'habitation, aux dimensions de laquelle le contrat de vente prescrit un minimum, et à en défricher une portion déterminée, en général le dixième. Quand les arbres sont tombés sous la cognée et ont été enlevés, le colon entasse des branches et des broussailles au pied des souches qu'il n'a pu extirper et il y met le feu. Bientôt il ne reste plus sur le sol que des fûts de 2 à 3 pieds de haut, à demi carbonisés et entourés d'un amas de cendres. Ces cendres sont répandues sur la terre, qui a été préalablement remuée et qu'elles fertilisent. La première année, la charrue et la herse sont obligées de circuler entre les souches noircies dont le champ est encore hérissé, mais bientôt, sous l'influence du soleil et de l'humidité, ces débris se décomposent et s'aplanissent. Quant aux troncs abattus en premier lieu, on les réunit, on les empile en d'énormes bûchers et on les livre aux flammes; les cendres sont lavées et fournissent des sels de potasse qui sont pour le planteur un produit immédiat. Si, parmi les arbres qui couvrent sa propriété, il se trouve des Érables à sucre, il se garde bien de les sacrifier. Au mois d'avril, il fait avec sa hache une entaille sur l'écorce de chacun d'eux; de la blessure suinte la sève sucrée, qui tombe goutte à goutte et s'amasse dans une auge de bois placée au-dessous. Cette sève, soumise dans des chaudrons à l'action du feu, se concentre en un sirop de plus en plus épais qui, versé dans des moules, se solidifie en des pains d'un beau jaune clair. Ce sucre égale en qualité celui de betterave et même celui de canne. Un Érable peut en produire chaque printemps environ une livre. Au bout de deux ou trois ans, ces énergiques travailleurs vendent leur terre à des émigrants étrangers pour aller recommencer leur rude métier de défricheurs sur un autre lot de la forêt.

Nous avons vu à quels pénibles travaux se livrent les bûcherons dans les pays de hautes montagnes : ceux qui exploitent les grandes forêts américaines s'exposent à des fatigues et à des dangers plus redoutables encore. Ils ne sont pas seulement bûcherons, il faut qu'ils soient aussi d'intrépides voyageurs. Aux périls connus s'ajoutent pour eux des risques impossibles à prévoir, des hasards souvent terribles.

Ces bûcherons se réunissent en une société composée de 10 à 15 hommes. Ils commencent par envoyer quelques-uns d'entre eux en éclaireurs pour reconnaître les meilleures parties de la forêt, celles qui renferment le plus grand nombre de beaux arbres. Après avoir payé au gouvernement ou aux propriétaires du district le droit fixé pour l'exploitation d'une superficie déterminée, par exemple mille pieds carrés, ils se mettent en campagne, au commencement ou au milieu de l'automne. Ils sont partagés en deux troupes, qui ne suivent pas le même chemin : la première est chargée de transporter les outils et les provisions, qui consistent en porc salé, en biscuit de mer, en thé, en mélasse (du lard cru trempé dans de la mélasse est un des mets favoris du bûcheron), et elle voyage autant que possible par eau ; elle remonte en bateau les fleuves et les rivières. Cette navigation présente mille difficultés, devant lesquelles des hommes moins vigoureux, moins adroits, moins patients, reculeraient : tout à coup une chute se rencontre, une muraille d'eau qu'il est impossible de franchir, et il faut débarquer, porter au delà de la chute toute la charge du bateau et le bateau lui-même, sur une rive encombrée de rochers, d'arbres renversés, de fourrés épineux et de marécages. Ailleurs un rapide vous saisit, vous entraîne ; on rame avec un redoublement de force et de vitesse ; on se retient, on se pousse à l'aide des gaffes ; on n'avance qu'en opposant une furieuse énergie à la violence du courant. Voici ensuite un lac, puis d'autres lacs, à traverser ; sur ces petites mers les vents se déchaînent, soulèvent des vagues courtes et turbulentes, et à tout moment l'embarcation, construite en planches légères, surchargée, et dont le bord ne dépasse guère le niveau de l'eau, risque d'être submergée.

La seconde escouade de bûcherons n'a pas à s'acquitter d'une tâche moins ardue. Elle conduit les bœufs, indispensables pour traîner les arbres abattus jusqu'à la rivière dont le courant les emportera. Elle part plus tard et voyage plus lentement ; elle a donc à supporter les rigueurs de l'hiver. Elle a aussi l'embarras de provisions à charrier, des vivres pour les hommes et du foin pour les animaux, dont il est essentiel d'entretenir la bonne santé et la vigueur : faute de bêtes de trait, l'entreprise échoue. On attelle ces bœufs à de longs traîneaux, sur lesquels on distribue la charge, et l'on chemine péniblement, parmi les hautes herbes, les broussailles, les basfonds marécageux. Faut-il passer une rivière ? On délie les animaux et ils traversent à la nage ; les conducteurs se construisent un radeau. Quand toute la bande, hommes et bêtes, a pris pied sur la rive opposée, on reforme les attelages et l'on se remet en marche.

Dans cette saison, les lacs sont déjà gelés et ils offrent aux voyageurs un plancher commode. Mais il n'est pas rare que la couche de glace, trop mince en certains endroits, se brise sous le poids des bestiaux, et que plusieurs d'entre eux tombent dans le lac. Il faut alors opérer le sauvetage des naufragés. Un homme se place près de chaque animal sur le bord de la glace et lui tient la tête élevée au-dessus de l'eau ; puis on lui attache un câble autour des cornes et on le fait tirer par deux de ses camarades qui n'ont pas été victimes du même accident. Le bœuf s'aide de son mieux, il parvient à poser ses deux pieds de devant sur la glace et à sortir ses épaules, mais souvent le fragile plancher s'effondre de nouveau sous lui et le laisse retomber ; il recommence, pour échouer encore ; enfin, après de nombreuses tentatives, après des efforts inouïs, désespérés, il trouve un point d'appui solide, et l'attelage qui le remorque réussit à le hisser hors de l'eau. C'est seulement au bout de plusieurs heures que les pauvres bêtes, épuisées de fatigue, suffoquées de peur, à demi noyées, tremblant de tous leurs membres, parfois blessées par les glaçons coupants et tout ensanglantées, sont en état de se remettre en route.

C'est une si grande difficulté de mener ainsi les bœufs jusqu'à l'exploitation, à une distance de 150 et 200 milles, que les bûcherons se décident quelquefois à les laisser dans la forêt, quand ils la quittent eux-mêmes au printemps. Le troupeau abandonné se nourrit comme il peut, va où il veut, pendant six ou sept mois ; on le rattrape au retour, en automne. Mais presque toujours quelques bêtes manquent à l'appel ; elles ont péri, les unes embourbées dans la vase d'un marais, les autres dévorées par les loups ou par les ours.

Enfin tous les bûcherons ont atteint le but de leur voyage ; les deux troupes se sont rejointes. Ceux qui sont arrivés les premiers ont commencé par déblayer dans la forêt une place convenable et par y bâtir deux maisons de bois : l'une pour les hommes, qui y dorment sur la terre nue, recouverte d'un lit de feuilles sèches ; l'autre, plus soignée, garnie d'un plancher, pour les bœufs, plus délicats que leurs robustes maîtres. Ensuite ils ouvrent différents chemins partant du milieu des plus beaux massifs et débouchant dans une route principale qui se rend directement à la rivière. Ils comptent sur la neige pour rendre ces chemins praticables : bien-

tôt en effet elle les recouvre, et tassée par les pieds des
ouvriers, par les traîneaux et le poids des charpentes,
elle prend la fermeté et le poli du marbre.

Lorsque les arbres ont été abattus, équarris sur place,
puis traînés par les bœufs et réunis à proximité du cours
d'eau dont on a fait choix (ce travail a occupé tout l'hiver), le moment est venu de songer au départ. Une partie
des bûcherons retourne par terre, remmenant les bêtes
de trait, les outils et tous les objets dont on n'a plus
besoin ; les autres accompagneront les bois, dont ils
dirigeront le flottage, et de toutes les tâches que leur
impose leur métier, c'est de beaucoup la plus difficile
et la plus périlleuse : ils y jouent cent fois leur vie.
L'opération commence à la fin de mars ou au commencement d'avril, quand le soleil, dardant des rayons moins
obliques et plus chauds, fond les tapis de neige sur les
pentes des montagnes, sur les collines et dans les prairies, et que les moindres ruisseaux, subitement grossis,
transformés en rivières, roulent des eaux profondes et
rapides. C'est l'instant propice, il faut en profiter ; plus
tard, la crue passée, il ne serait plus temps. On se hâte
donc de préparer l'endroit de la rive où la mise à flot
doit avoir lieu ; on la débarrasse des arbres, des buissons,
des roches qui s'y trouvent. La place déblayée, on y
établit une sorte d'embarcadère, une vaste plate-forme er.
madriers qui descend en pente douce jusque dans le
lit de la rivière, sous un ou deux pieds d'eau. L'eau
soulevant les pièces de bois, il est plus aisé de les con-
duire vers le milieu du courant. Toutefois mouvoir cette
multitude d'énormes solives, les faire cheminer sur la
plate-forme, il n'est pas de manœuvre plus pénible. On
voit les hommes se démener autour de chacune d'elles,
s'efforcer de l'ébranler, de la pousser avec des crocs,
des leviers, entrer dans l'eau, les uns jusqu'à la cheville,
les autres jusqu'à mi-corps. La rivière est extrêmement
froide ; elle a gardé la température de la neige et de la

glace d'où elle provient ; les pieds et les jambes s'y engourdissent bientôt et sont comme frappés de paralysie : à tout moment, les ouvriers remontent sur les charpentes, hors de l'eau, et se frictionnent, se battent les membres inférieurs pour y ramener la vie et le mouvement. Enfin tous les bois sont lancés et flottent côte à côte, en une file continue s'étendant sur une longueur d'un et même de deux kilomètres.

Pendant quelque temps le flottage se poursuit sans encombre, mais voici que surviennent les obstacles. La rivière n'a pas partout la même profondeur. Tout à coup le fond se relève, la couche d'eau n'est plus assez épaisse pour le passage de ces troncs massifs. Il n'y a qu'un seul parti à prendre, et l'on se met à l'œuvre ; on construit en travers du courant une digue dans le milieu de laquelle s'enchâsse une porte d'écluse. L'eau, ne pouvant plus s'écouler, s'amasse, monte, remplit jusqu'au bord le bassin où l'enferment ses rives et la digue ; alors on lui ouvre une issue et elle se précipite impétueusement, emportant tout avec elle : les poutres filent, fuient en se bousculant, comme un troupeau de moutons chassé par l'orage.

Ailleurs le cours d'eau perd ses berges, s'étale sur un terrain bas et plat ; il forme une sorte d'étang où émergent çà et là des bouquets d'arbres, des buissons. Ici les charpentes se débandent, tournoient, vont donner contre les îlots de verdure et s'y accrochent. Aussitôt les conducteurs se jettent à l'eau pour aller les dégager une à une et les rallier. Tantôt ils y ont pied, tantôt ils sont forcés de nager et de se dérober au plus vite devant les solives au moment où, libres, elles reprennent leur course, pour ne pas être heurtés par elles, tués peut-être. Ils ont aussi à craindre la rencontre et le contact blessant des nombreux glaçons épars qu'entraîne le courant.

Plus loin l'ordre du convoi se trouble de nouveau et il

faut encore une fois le rétablir, — avec quelles peines ! —
quand, le lit de la rivière s'abaissant brusquement d'une
vingtaine ou d'une trentaine de pieds et formant un
éboulis de rochers presque vertical, les ondes tombent
tumultueusement en cascades bouillonnantes : les bois,
roulés, culbutés, heurtant les roches, se heurtant entre
eux avec un effroyable fracas, s'entassent, s'enchevêtrent
au bas de la chute. On n'en viendrait pas à bout, si la
violence des eaux ne contribuait elle-même à débrouiller
le chaos qu'elle a produit.

D'accident en accident on parvient pourtant à sortir de
ces ruisseaux grossis, au lit variable, au cours capri-
cieux, véritables torrents, et l'on débouche dans un
grand fleuve, que l'on ne quittera plus jusqu'à l'arrivée.
Dès lors le flottage s'opère plus régulièrement ; on navigue sur une vaste nappe d'eau ; on ne sent plus peser
sur sa tête la sombre voûte de la forêt ; on est sous le
ciel, dans la lumière, hors du triste isolement du désert,
car de plusieurs autres affluents arrivent aussi des trains
de bois avec les hommes qui les conduisent. On s'appelle,
on se répond ; des voix retentissent de toutes parts. Bientôt
tous les trains se rejoignent ; ils voguent les uns derrière
les autres, rapprochés mais sans se confondre, formant
une caravane flottante, longue de plusieurs lieues ; ou
bien ils se réunissent en un radeau unique, immense,
que dirige un nombreux équipage, composé des diverses
troupes de bûcherons.

Chacune de ces troupes a eu soin de marquer ses
solives d'un signe particulier, hiéroglyphes bizarres
taillés sur l'une des faces, ce qui lui permet de les
reconnaître, comme un fermier reconnaît ses bestiaux au
chiffre inscrit sur leur flanc.

Ce n'est pas que toutes les difficultés aient disparu, et
qu'on n'ait plus qu'à se laisser tranquillement glisser au
fil de l'eau. Il se rencontrera des obstacles, des dangers,
et ils seront plus grands que jamais, car il ne s'agit

plus d'une bande de quelques centaines de charpentes à gouverner ; elles sont dix mille, quinze mille, c'est une multitude, toute une armée, toujours prête à se débander. Voici que l'on traverse une contrée montueuse ; les rives s'élèvent, se rapprochent ; le fleuve se rétrécit, il coule encaissé dans un étroit passage, sur un fond rocheux ; il va infailliblement se former ici un barrage monstrueux. « Une première charpente heurte la pointe d'un roc, tourne, se met en travers, puis reste immobile. Les autres s'arrêtent devant cet obstacle, s'accumulent par milliers, composant une digue immense ; le fleuve se précipite, écume avec fureur dans les interstices, ou rejaillit pardessus en cataracte retentissante. Tout homme inexpérimenté qui verrait cet amas de troncs pesants, pressés les uns contre les autres dans toutes les positions imaginables, au milieu d'une gorge étroite que dominent de hauts rochers, croirait impossible de rompre une pareille barrière, de délivrer à la fois les charpentes et le fleuve : une secousse imprévue, due à quelque commotion naturelle du sol, ou la décomposition lente des arbres, lui paraîtraient seules capables d'amener ce résultat. Mais les madriers représentent des millions de francs ; il faut donc absolument agir, il faut tout tenter. Quelquefois on enlève une à une toutes les charpentes qui obstruent le passage, ce qui exige plusieurs semaines du plus pénible travail. D'autres fois on a lieu de penser que toute la masse est retenue par un seul point ; que, ce point délivré, elle se mettra en mouvement. Il s'agit d'abord de découvrir l'endroit, puis de faire en sorte de le dégager. Toute l'activité, toute l'adresse, tout le courage des bûcherons s'y emploient.

« L'un d'eux se dévoue ; on l'attache par le milieu du corps au bout d'un câble et on le descend du haut des rochers, ainsi qu'on le fait pour la récolte du fenouil sur les bords de la mer. On le dépose le plus près possible de l'endroit qu'il faut attaquer : c'est toujours à la pointe antérieure de la digue accidentelle. Il arrive parfois qu'une simple impulsion suffit pour libérer le train, mais le plus souvent l'emploi d'une grande force est nécessaire. Dans ce dernier cas, le bûcheron fixe l'extrémité d'une longue corde à un des madriers, et il lance l'autre bout aux gens de l'équipage qui se tiennent en aval sur la grève; ceux-ci, par des secousses violentes et répétées, tâchent d'entraîner la poutre. Leur compagnon les aide au moyen de son levier. Si le barrage s'ébranle, paraît vouloir se démonter, vite on enlève l'homme : l'ardeur de ceux qui le tirent, leur crainte de ne pas le soustraire assez tôt au danger, l'exposent à recevoir des contusions sur les pointes des rocs, des égratignures parmi les broussailles. On juge parfois nécessaire de couper avec la hache la solive qui forme l'obstacle principal. Lorsque le train pèse directement sur elle, quelques coups de hache la font éclater avec un bruit terrible; après quoi toute la masse part comme un trait. Le bûcheron n'est pas à moitié de son ascension aérienne, que d'innombrables poutres défilent sous ses pieds, dans une confusion, dans un tumulte inexprimables. Si par malheur les arêtes, les pointes de la paroi rocheuse usaient et coupaient la corde, il serait inévitablement perdu ; il deviendrait la proie de la mort la plus cruelle, emporté, broyé dans la débâcle.

« Le bruit assourdissant produit par la digue qui s'écroule, par les poutres qui se choquent en tourbillonnant comme des fétus de paille, les craquements de celles qui se brisent comme de fragiles roseaux, malgré leurs dimensions énormes, le grondement des vagues écumeuses forment un concert infernal que l'on entend de plusieurs milles. Il faut voir la joie, l'enthousiasme des bûcherons au milieu de ce tapage; ils sautent, ils battent des mains, ils poussent des cris et des hourras[1]. »

1. *Forest life and forest trees, by John Springer.* (*Revue britannique*, livraisons de janvier et de février 1852.)

Enfin cette laborieuse navigation, qui, sans cesse entravée et retardée, a duré deux et même trois mois, touche à sa fin ; on voit le fleuve, qui approche de son embouchure, s'élargir de plus en plus ; on aperçoit le port de dépôt, terme du voyage. De longs barrages, formés de troncs d'arbres, pareils à des ponts à fleur d'eau auxquels d'énormes caisses de bois, remplies de blocs de pierre, servent de piles, arrêtent et enferment les trains dans l'enceinte du port. Aussitôt on débarde les charpentes, qui s'alignent et s'empilent sur la rive, pour être livrées aux scieries ; elles en sortent bientôt, les unes coupées seulement en tronçons et conservées à l'état de billes, les autres débitées en madriers et en planches, et des centaines, des milliers de navires, dont on entrevoit les mâtures à l'horizon, du côté de la mer, vont les emporter pour les distribuer dans tous les ports de l'Atlantique.

Libres enfin, les bûcherons se dispersent, ils retournent vers leurs maisons, vers leurs fermes, qu'ils ont quittées depuis huit mois, impatients de revoir leur famille, à qui ils ont tant de choses à raconter : plus d'une fois ils rediront à leurs enfants ce beau groupe de chênes, les plus grands qu'on ait jamais vus, tombés sous leur cognée, et quelles charpentes magnifiques ils ont fournies ; cette bande de loups acharnés à suivre pendant une semaine le traîneau, sur lequel l'un d'eux a même osé monter ; les empreintes de pieds d'ours, non pas de l'ours noir, mais du grand ours gris si terrible, découvertes un matin sur la neige autour de l'étable des bœufs ; deux oursons avec leur mère trouvés dans le tronc d'un gros frêne creux, étourdis par la chute de l'arbre et tués sur place à coups de hache, et les marais d'où l'on a failli ne pas sortir, les torrents, les rapides, plus enragés que les autres années, miraculeusement franchis.

Mais tous ceux qui étaient partis en automne ne sont

pas revenus. Plusieurs sont restés là-bas, et ils ne repa-
raîtront plus, car ils sont morts : l'un écrasé par l'arbre
qu'il coupait, un autre victime de la fièvre des bois,
un autre noyé. Leurs camarades leur ont rendu les
derniers devoirs; ils leur ont fait un cercueil avec deux
barils vides, défoncés par un bout et cloués l'un à
l'autre, et ils leur ont creusé une fosse près de l'endroit
où l'accident a eu lieu, sous un grand arbre dans la
forêt, ou sur le bord de la rivière au pied d'un rocher
ou d'un buisson. La cérémonie n'a pas été longue;
aucune parole n'a été prononcée; un moment de silence
respectueux, quelques soupirs étouffés, une larme vite
essuyée d'une main rude; ç'a été tout, et la petite troupe
est retournée à son travail. Les chansons, les gais
propos habituels ont cessé ce jour-là : comment ne pas
se demander si l'on n'aura pas soi-même le même sort,
si l'on sera de ceux qui au printemps reverront leur
foyer?

CHAPITRE XI

On ne songe généralement pas aux contrées méridionales des États-Unis, à ces pays qui s'appellent la Géorgie, les Carolines, la Louisiane, la Floride, sans se représenter une sorte d'Éden, une terre enchantée, parée de forêts toujours vertes, toujours fleuries, peuplées de ces oiseaux merveilleux auxquels on a justement donné les noms de Rubis, de Topaze, de Saphir, d'Émeraude. C'est là une vision, un rêve qui se dissipe en présence de la réalité.

Certes il se rencontre dans ces régions de belles forêts de Magnolias, étalant à plus de cent pieds de hauteur leurs grandes feuilles vernissées, mêlées à de larges fleurs d'un blanc teinté de violet qui répandent une suave odeur de giroflée; on y voit aussi de vastes massifs de Tulipiers au-dessus desquels s'élancent çà et là de majestueuses cimes de Palmiers, et sous leur ombre protectrice se pressent en épais fourré des Azalées, des Yuccas hauts de vingt pieds, des Rhododendrons couverts de fleurs roses, des Mahonias à fruits rouges, des Myrtes embaumés, des Aristoloches et des Bignonias, qui grimpent le long des tiges des Tulipiers, se suspendent à leurs branches et re-

tombent en guirlandes flottantes de feuillage et de fleurs
visitées par les Oiseaux-mouches : on peut sous ces ombrages goûter l'illusion de la grande forêt tropicale. Mais
ce que l'on trouve surtout dans ces contrées, ce sont d'immenses plaines basses et plates, sablonneuses, stériles,
inondées en hiver par les pluies, séchées par un soleil
brûlant, seulement à la surface, en été. Ici croissent, clairsemés, des Chênes-saules au milieu d'un maigre tapis
de grandes herbes, de broussailles et de Palmettes à
feuilles raides et aiguës comme des épées ; quand le bûcheron a abattu ces arbres, il reconnaît que la plupart
d'entre eux sont atteints de la carie blanche, gangrène intérieure qui les ronge jusqu'au cœur et qui ne se trahit
au dehors que par de petites taches rondes disséminées
sur l'écorce, et il les laisse par milliers achever de se dé-
composer sur place. Ou bien c'est le Pin austral ou Pin
des Marais, à l'écorce grise et lamelleuse, aux aiguilles
longues d'un demi-mètre qui, à lui seul, forme de monotones futaies, ombrageant un sol nu, argileux, blanchâtre
sous la couche d'aiguilles sèches qui le recouvre, durci à
la superficie, mais en dessous tout gonflé d'eau : on le
sent avec inquiétude fléchir, puis rebondir sous le pied ;
on a peine à y garder son équilibre. Toutes les parties
de ces plaines qui longent les fleuves ou la mer sont perpétuellement inondées ; c'est une suite indéfinie de marécages ; les Cyprès seuls y poussent volontiers.

On ne saurait se figurer à quel point ces forêts marécageuses sont sinistres. L'eau dans laquelle les Cyprès
plongent leurs racines et leur pied est noire, épaisse ;
c'est de la boue liquide plutôt que de l'eau ; elle ne s'ouvre
et ne se referme que lentement quand on y jette une pierre
ou qu'une branche morte y tombe. La plupart des arbres
sont goîtreux, tuméfiés, difformes, comme s'ils se nourris-
saient d'une sève empoisonnée. Il semble que les bêtes
les plus repoussantes de la création, reptiles de toute taille
et de toute forme, serpents, tortues, crapauds, caïmans,

salamandres, se soient donné rendez-vous dans ces repaires immondes ; elles y sont réunies, entassées comme dans une ménagerie ; elles glissent, rampent, nagent, plongent, fouillent, se vautrent de toutes parts dans la vase. L'air, chargé de vapeurs lourdes, chaudes, d'odeurs tantôt fades, tantôt âcres, vous suffoque ; on a le sentiment qu'on s'imprègne de miasmes dangereux, que c'est la peste et la mort qu'on respire. Le naturaliste américain Audubon, admirateur enthousiaste de la nature sauvage, confesse que plus d'une fois, en pénétrant dans ces cloaques affreux pour y découvrir le héron bleu, l'anhinga ou le grand pic à bec d'ivoire, il a été saisi de dégoût et d'effroi, et que, sans une énergique volonté de poursuivre sa tâche d'observateur, il aurait cédé à la tentation de s'enfuir.

Un voyageur, M. Poussielgue, qui a visité la Floride en 1851, a décrit d'une façon saisissante une de ces curieuses forêts, désignée dans le pays sous le nom de Grande Cyprière, et qui s'étend, en une étroite et longue bande de verdure, sur la rive droite du fleuve Saint-Jean, entre ce fleuve et le rivage de l'Atlantique. « L'aspect de la forêt est des plus étranges, dit-il, et remplit d'étonnement ceux qui n'ont pas encore vu ces puissants et bizarres végétaux. De loin on dirait une immense plaine verte soutenue par des milliers de colonnes, ou encore une armée de gigantesques parapluies. Au milieu de la cyprière il ne fait pas sombre comme au milieu des bois de Pins ; le feuillage des Cyprès est si délicat, si fin, d'un vert si tendre et il s'étale d'ailleurs à une si grande hauteur qu'il ne fait qu'amortir, à la manière d'un nuage léger, les rayons du soleil. Jusqu'à vingt pieds de haut, l'arbre est contourné, tordu et toujours creux ; cet énorme tronc est renforcé par des piliers qui le flanquent circulairement et qui forment, dans les intervalles qui les séparent, de véritables cavernes ; les racines, semblables à de gigantesques serpents, s'étendent fort loin sous l'eau,

d'où elles émergent soudain pour se couvrir d'excrois-
sances et de loupes qui prennent avec les années des proportions démesurées : les habitants les appellent *genoux
de Cyprès* et en font des ruches à abeilles et des cages à
poulets. De cette souche informe, malsaine, presque pour-
rie, s'élance avec une vigueur étonnante une belle colonne droite d'un bois rouge, plein et odoriférant, qui
s'élève d'un seul jet jusqu'à 40 mètres sans porter une
branche ; à cette hauteur le Cyprès se ramifie pour former une tête plate, horizontale ; toutes les têtes se touchent
et s'unissent en un vaste dais de verdure. C'est littéralement une forêt dans l'eau, car le sol des cyprières étant
imperméable, les eaux pluviales y séjournent toute l'année. Nous sommes dans la saison sèche ; pourtant il faut
connaître les passages pour se hasarder au milieu de ces
tourbières perfides, où chevaux et cavaliers disparaî-
traient sans laisser de traces. Les racines des Cyprès in-
terceptent parfois le chemin ; alors il faut mettre pied à
terre pour soutenir les chevaux[1]. »

Le voyageur et ses compagnons parcoururent ainsi
neuf milles, précédés d'un pâtre nègre qui dirigeait la
marche et qui était obligé de faire de nombreux circuits
pour éviter les fondrières ; puis ils s'arrêtèrent sur un
tertre sablonneux et sec au pied d'un Cyprès séculaire.
« Cette partie de la forêt, continue M. Poussielgue, était
une des plus marécageuses que nous eussions traversées.
Il y avait de l'eau partout, et en certains endroits elle
paraissait avoir de la profondeur. Aussi n'y voyait-on
d'autre végétation que des lichens noirâtres et des champignons microscopiques qui tachaient les eaux de plaques
pourpres. Quand un reptile s'agitait dans ces eaux pu-
trides, elles s'irisaient des couleurs prismatiques de
l'arc-en-ciel et dégageaient une odeur empestée de phos-

---

1. *Quatre mois en Floride*, par M. Poussielgue, dans le *Tour du
Monde*, année 1870, 1er semestre.

phore. Ce n'était à vrai dire qu'une purée de détritus végétaux et animaux. Sur le vieux bois des Cyprès poussait une Orchidée, l'Arpophylle épineuse, lugubre parasite à feuilles tournées en cornet, d'où s'échappent des fleurs livides semblables à de petites têtes de mort et dégageant une odeur cadavérique. Les Cyprès eux-mêmes avaient un aspect souffreteux ; leur écorce était galeuse, noire, et se pulvérisait sous les doigts ; ils portaient à peine quelques feuilles, et leurs branches dépouillées de verdure étaient revêtues de longues mousses argentées qui, pendant en longs festons, se balançaient au-dessus de nos têtes comme d'immenses toiles d'araignée. »

Un autre marais, situé à quelques journées de marche de la Grande Cyprière, offrit à l'auteur de ce récit un spectacle encore plus extraordinaire. C'était un ravin long et étroit ; une trentaine de mètres tout au plus séparaient les deux talus qui l'enserraient ; les arbres qui bordaient ces talus confondaient leurs cimes ; en outre, d'énormes Aristoloches, enroulées autour de leurs troncs et de leurs branches, formaient en s'entrelaçant une épaisse voûte de feuillage sous laquelle la lumière du jour n'était plus qu'un vague crépuscule. Quand les yeux se furent habitués à cette obscurité, on aperçut de tous côtés, dans le fond et sur les pentes du ravin, d'innombrables taches de toutes couleurs, de toutes nuances : ces taches étaient des Champignons. Il y en avait des centaines, des milliers, des myriades ; d'infiniment petits, agrégés en larges plaques, en vastes tapis ; de gigantesques, qui en recouvraient plusieurs étages de moyens, sous lesquels s'abritait une multitude d'espèces naines. Cet endroit était proprement le royaume des Champignons.

Une insupportable odeur de putréfaction vous prenait à la gorge. La moisissure était partout. Les mares d'eau stagnante et croupie étaient couvertes d'une sorte d'huile verdâtre qui, à la moindre agitation, se moirait de reflets violets. Le sol même était enduit d'une efflorescence blanchâtre, visqueuse, qui collait aux pieds et sur laquelle on glissait. Aucune autre plante, excepté des mousses, n'avait pu se développer dans ce milieu infect et étouffé. De vieux troncs d'arbres, corrodés par l'humidité, gisaient de tous côtés, décharnés comme des squelettes, disparaissant presque sous les Champignons qui s'y étaient posés comme sur une proie. Ces Champignons présentaient les formes les plus diverses, les plus bizarres, tantôt incontestablement belles, tantôt hideuses. Les uns étaient de grosses masses gélatineuses, transparentes, collées contre les souches pourries ou contre les rochers voisins, d'où ils laissaient suinter goutte à goutte un liquide jaunâtre et empesté ; d'autres, cylindriques et noirs, d'un aspect repoussant, ressemblaient à des morceaux de charbon agglomérés. Ceux-ci étalaient un large disque d'un blanc nacré, soutenu par un pédicule d'azur ; ceux-là, coiffés d'une sorte de cloche, étaient d'un rouge orangé tacheté de blanc d'argent. Plusieurs atteignaient des dimensions énormes, invraisemblables ; ils étaient aussi hauts que des enfants et déployaient un chapeau qui pouvait avoir trois et quatre pieds de diamètre ; ils avaient l'air de grands parasols roses. D'autres enfin, très nombreux, de couleur brune et de mauvaise mine, se creusaient au centre et relevaient leur bord en forme de vase ; dans l'intérieur, profond et noir comme celui d'une marmite, séjournait une eau rousse et fétide.

Un accident singulier força les voyageurs à sortir de ce ravin. L'un d'eux glissa sur un tronc pourri, et en tombant heurta un des plus gros Champignons : celui-ci, qui appartenait à la famille des Lycoperdacées, éclata aussitôt avec bruit et lança en l'air un nuage de spores ; plusieurs autres de la même espèce et qui étaient arrivés à maturité, par suite de l'ébranlement du sol ou seulement de l'air, crevèrent aussi successivement. M. Poussielgue et ses compagnons, aveuglés, suffoqués par les

flots de poussière rouge qui les enveloppaient, prirent
la fuite en se cachant la figure dans leurs mains, éter-
nuant et toussant. Durant plusieurs jours après cette
aventure, ils eurent les mains et le visage couverts de
pustules, ils souffraient vivement de la poitrine et ne
respiraient qu'avec peine ; les spores des Champignons
les avaient presque empoisonnés.

Ces forêts noyées, retraites presque inabordables, menaçantes, qui tiennent l'homme à l'écart, favorisent merveilleusement l'expansion de la vie animale. Dans ces
eaux stagnantes, dans cette chaude atmosphère saturée
de vapeurs, les larves et les insectes fourmillent, offrant
une inépuisable pâture à de nombreuses tribus de reptiles sédentaires qui, à leur tour, attirent des bandes incessamment renouvelées d'oiseaux voraces, cigognes, pé-
licans, grues, mouettes, corbeaux de mer. Tous ces divers
animaux se cherchent, se guettent, se font incessamment
la guerre. Voici une scène dont M. Poussielgue a été témoin dans sa visite à la Grande Cyprière. Un insecte ailé
— une jolie cicindèle verte à taches blanches — vient
de se poser sur une souche de Cyprès ; elle tient une larve
qui se débat entre ses mandibules et qu'elle se met à dé-
vorer. Tout à coup une tête hideuse, conique et pointue,
apparaît à l'orifice d'un des trous profonds dont la vieille
souche est criblée ; puis un corps livide, gluant, verru-
queux, sort lentement du trou : c'est un gros crapaud
agua ; il s'avance la gueule ouverte vers la cicindèle tout
occupée à son repas. Il ne l'a pas plus tôt saisie qu'une
vipère d'eau, un trigonocéphale, blottie dans une autre
cavité du tronc, où sans doute elle était à l'affût, s'élance
d'un bond sur le crapaud et lui enfonce ses crochets venimeux dans le dos ; le coup fait, elle s'est retirée vers
l'entrée de son repaire et, à demi levée sur elle-même,
elle attend l'effet de sa morsure. Le crapaud essaye en
vain de fuir, la paralysie l'envahit, quelques mouvements
convulsifs l'agitent ; puis il se renverse, le ventre et les

Un groupe de Wellingtonias.

pattes en l'air, et demeure immobile ; il est mort. Alors
le serpent rampe vers le cadavre, ouvre sa gueule démesurément, saisit le crapaud par la tête et commence à
l'avaler avec effort. Tandis qu'il s'absorbe et s'étouffe
dans cette laborieuse déglutition, soudain une cigogne
s'abat sur lui, et comme le reptile, qui a la gueule pleine
et le cou prodigieusement distendu, ne peut se défendre,
elle trépigne sur lui, elle le perce de furieux coups de
bec et, malgré ses soubresauts, les enlacements de son
corps et ses coups de queue, elle finit par le tuer. Lorsqu'elle le voit inerte et flasque, la cigogne, qui ne peut
emporter une proie aussi lourde au sommet d'un arbre,
le traîne avec peine en voletant jusque dans l'anfractuo-
sité d'un grand Cyprès, où elle le laisse tomber ; puis,
perchée sur un des piliers de la souche, elle commence
son repas, s'interrompant de temps en temps pour jeter
des regards soupçonneux autour d'elle. Ce drame, où
quatre morts se sont succédé en quelques minutes, on
peut affirmer qu'il se reproduit à tout moment sur tous
les points de ces funèbres marais boisés.

A l'extrémité opposée de l'Amérique septentrionale,
dans l'extrême ouest, sur les versants et dans les hautes
vallées de la Sierra-Nevada, de tout autres scènes attendent
l'observateur. Là se retrouvent, sur un sol fréquemment
arrosé par les pluies venant de l'Océan Pacifique, mais
accidenté et assaini par ses pentes, dans un air salubre,
les belles forêts du nord, plus belles que dans le nord,
composées de Chênes, d'Érables magnifiques et surtout de
Conifères incomparables. Parmi ces derniers figurent les
colosses du monde végétal, les célèbres Wellingtonias (*Se-
quoia gigantea*), qui surpassent en hauteur non seulement
tous les autres végétaux, mais encore les plus grands monu-
ments construits par les hommes, les plus élevées de nos
cathédrales et la plus haute des pyramides d'Égypte[1].

1. Un seul arbre peut rivaliser pour la hauteur avec le Welling-

Ces arbres ne forment pas, à eux seuls, des forêts ; ils sont disséminés, soit isolément, soit par groupes, dans des massifs de Pins, de Sapins, de Mélèzes et de Cèdres. On peut, au premier abord, ne pas les reconnaître, quand ils sont perdus dans l'épaisseur de la futaie, quoique leur tronc lisse, d'un rouge mat, et les branches horizontales, assez courtes et ramassées, de leur cime les distinguent de leurs voisins ; mais, lorsqu'ils se trouvent sur la lisière de la forêt ou au bord d'une clairière et qu'on peut se placer à distance pour les embrasser du regard tout entiers, il est impossible de ne pas être frappé d'admiration. « Rien, dit un voyageur, ne saurait rendre l'effet de ces puissantes colonnes, unies et nues jusqu'à une hauteur de 100, de 120 pieds, puis dressant dans les nues leur superbe pyramide de feuillage. Les grands Pins de 200 pieds de haut et de 10 et 12 de diamètre, rois des forêts partout ailleurs, ressemblent ici à des nains. On se croirait transporté dans ces âges primitifs, où toutes les créatures avaient des proportions inconnues du monde actuel. Nous, humbles pygmées, nous nous attendions à voir sortir de ces prodigieuses futaies le mammouth et le mastodonte faisant trembler le sol sous leurs pas, ou le ptérodactyle fendant l'air de ses ailes colossales. »

Les Wellingtonias les plus remarquables, — du moins

tonia ; c'est l'*Eucalyptus* de l'Australie. On a trouvé des *Eucalyptus colossea* d'une taille de 122 mètres, et des *Eucalyptus amygdalina* atteignant 128 et même 145 mètres. La hauteur d'un autre individu de la même espèce a été estimée à 152 mètres. Les plus élevés des Wellingtonias ne dépassent pas ces dimensions. L'*Eucalyptus globulus*, que l'on a acclimaté en Californie, en Guyane, dans l'Inde, en Provence, en Italie, en Espagne, en Algérie, et qui y rend de si grands services en assainissant les régions marécageuses et insalubres, n'acquiert jamais une pareille taille ; il est néanmoins un des plus grands arbres forestiers du monde. Les Eucalyptus ne forment pas des forêts touffues ; ils poussent clairsemés au milieu d'herbages sur lesquels, tant par la position verticale de leurs feuilles sèches et rigides que par l'écartement de leurs branches, ils ne répandent qu'une ombre légère.

Un tronçon du Gros Arbre

jusqu'ici, car la Sierra Nevada, dans ses gorges inexplorées, en cache peut-être d'autres qui ne leur sont pas
inférieurs, — sont ceux des districts de Calaveras et de
Mariposa. Le premier de ces deux groupes se trouve à
150 milles de San Francisco, dans une vallée élevée de
4000 pieds au-dessus du niveau de la mer ; il se compose
d'environ 300 individus, dispersés parmi d'autres essences. Les plus grands, qui sont aussi les plus vieux,
ont été pour la plupart endommagés, dans le cours d'une
existence dix et vingt fois séculaire, soit par des incendies, qui ne peuvent être attribués qu'aux Indiens, soit
par les tempêtes ; les uns sont, dans la partie inférieure
de leur tronc, profondément creusés et même entièrement
perforés ; d'autres ont perdu une partie de leur cime ;
quelques-uns ont été renversés et sont couchés sur le
sol : c'est sur ces derniers que l'on est le mieux à même
d'apprécier les dimensions extraordinaires des Wellingtonias.

L'un d'eux a été abattu par la main de l'homme. On
avait eu l'absurde idée de le sacrifier pour fabriquer avec
le bois de ce géant des cannes et de menus objets de cu-
riosité. Ce ne fut pas une petite entreprise. Cinq hommes
y travaillèrent pendant vingt-cinq jours. Il fallait renoncer
à se servir des cognées, qui ne faisaient qu'une besogne
dérisoire. On prit le parti de percer des trous dans le
pied avec des tarières ; puis on scia successivement les
parties pleines, divisées par ces trous ; mais l'arbre, quoique entièrement coupé, demeurait toujours ferme sur sa
base. On fut obligé de le soulever avec des coins en fer et
de le battre avec un bélier pour le renverser. Ce séquoia,
nommé le *Gros Arbre*, se voit encore ; la partie du tronc
restée en terre a 90 pieds de tour ; la surface en a été
aplanie et l'on y a élevé un kiosque, assez spacieux pour
servir de salle de bal. Près de là se trouve un tronçon
du même arbre ; un homme de grande taille peut à peine
en toucher le centre en levant le bras et en se dressant

sur la pointe des pieds; encore est-ce du côté le moins
épais; de l'autre il n'arrive pas au tiers du diamètre. Le
reste du tronc abattu, long d'environ 300 pieds, a été
façonné de manière à former une sorte de terrasse entre
deux allées de verdure. La quantité de bois que contenait
ce colosse a été estimée à 500 000 pieds cubes. On a con-
clu du nombre des anneaux concentriques de la tige
qu'il ne devait pas avoir moins de 3000 ans. Un autre,
gisant aussi, mais tombé de lui-même, probablement victime d'un incendie, — on l'a appelé le *Père de la forêt*,
— est creux d'un bout à l'autre : on peut y entrer et s'y
promener à l'aise; il n'a plus que 200 pieds de long;
quand il était debout, il se terminait par une immense
fourche qui faisait plus que doubler sa taille; il avait
alors une hauteur d'environ 430 pieds.

Une centaine d'arbres du massif de Calaveras, auxquels
leurs dimensions exceptionnelles ont constitué une per-
sonnalité, portent des noms propres. Toute la liste des
grands hommes des États-Unis, depuis Washington jusqu'au président Grant, y a été employée. Les sujets qui
font partie de cette élite ont généralement de 25 à 30
pieds de diamètre et au moins 300 de hauteur.

La forêt de Mariposa, située à 8000 pieds d'altitude,
dans une dépression de la montagne, à côté et au-dessus
de la vallée de Yosemiti, célèbre par ses rochers et par
ses cascades, compte au milieu de ses Pins, de ses Sapins
et de ses Cèdres, environ 600 Wellingtonias. Beaucoup
d'entre eux ont été détruits ou entamés par le feu; mais,
parmi ces morts ou ces blessés, plusieurs sont sans rivaux tant pour l'ampleur du développement que pour
l'antiquité. Il n'existe nulle part de ruines végétales plus
imposantes. L'un, étendu par terre, creux dans toute sa
longueur, forme un tunnel naturel que l'on traverse à
cheval sans baisser la tête. Un autre, le *Colosse*, qui en
tombant s'est en partie enfoncé dans le sol, est si large
qu'une voiture peut y circuler comme sur une route; il

Arbre renversé de la forêt de Mariposa.

a encore 52 pieds de diamètre et 102 de circonférence,
mais il devait en avoir 40 et 120 quand il était debout et
revêtu de son écorce, qui n'existe plus que par places.
Sa hauteur était alors de 400 pieds. On évalue l'âge de
ce patriarche de la forêt à 5400 ans. Parmi les vivants,
ceux dont la taille atteint 250 pieds sont communs. Tel
de ceux-ci est percé, dans sa partie inférieure, d'une ouverture en forme de porte voûtée que traverse le chemin
et sous laquelle la file des touristes passe à cheval. Il en
est un, l'*Ours gris*, qui, comme pour se faire mieux voir,
s'est isolé ; sa cime monte à 500 pieds ; il mesure à sa
base 55 pieds de diamètre et 112 de tour. A 80 pieds
au-dessus du sol, au niveau de la première branche, le
tronc a encore une épaisseur de 20 pieds.

Ces magnifiques Wellingtonias, dont l'Amérique est fière,
sont aujourd'hui placés, ainsi que les forêts dont ils font
partie et la pittoresque vallée de Yosemiti, sous la tutelle
d'une loi spéciale qui les protège contre toute dévastation.
Les mineurs et les bûcherons du voisinage n'y touche-
ront pas. Ce coin privilégié de la terre américaine sera conservé intact, à titre de Parc national. Tous ceux qui ont de
l'amour et du respect pour les beautés naturelles qui
décorent notre globe se réjouiront de cette mesure.
Toutefois la grande réputation faite aux arbres géants de
la Sierra-Nevada n'a pas été pour eux sans inconvénients.
Les voici désormais atteints et comme entachés de vul-
garité. On va les voir pour se conformer à l'usage, à la
mode ; on y va par troupes nombreuses, enrégimentées
dans des expéditions organisées, sous la conduite de guides
autorisés, chargés de les montrer et de les vanter. Des
bâtisses, auberges, hôtels, cafés, attendent les voyageurs.
Dans les sentiers de la forêt, des compagnies vous suivent
ou vous précèdent, causant, riant à haute voix. Vous ar-
rivez en présence des colosses que vous êtes venu admirer :
leur renommée est légitime ; jamais vous n'aviez vu ni imaginé de pareils arbres ; mais ils portent sur leur écorce

des écriteaux, des plaques de marbre où leur nom est gravé en lettres d'or, et le nom est parfois ridicule, indigne du noble végétal auquel on l'a irrévérencieusement appliqué[1]. Ces superbes Wellingtonias ne sont plus à l'état de nature ; ils ne s'appartiennent plus ; ils n'appartiennent plus à leur forêt natale ; l'homme s'en est emparé, ils portent sa marque, ils sont asservis. Heureux les chasseurs qui, il y a trente ans, en poursuivant l'ours ou le daim, rencontraient ces arbres extraordinaires au milieu de la solitude et du silence, n'entendant d'autre bruit que le murmure du vent dans leur cime aérienne, n'apercevant d'autres visiteurs que des troupes d'écureuils courant sur leurs branches ou occupés à ronger leurs cônes écailleux.

1. On a donné à des Wellingtonias de Mariposa les noms de *Mademoiselle Emma*, de *Mademoiselle Marie*, de *Brigham Young et sa femme*.

CHAPITRE XII

Toute la partie septentrionale de l'Amérique du sud, qu'arrosent la Magdalena, l'Orénoque et l'immense fleuve des Amazones avec leurs nombreux affluents, est la terre promise des végétaux, la patrie des grandes forêts. C'est une immense serre chaude où les plantes foisonnent, se disputent la terre, l'espace, tentent d'envahir le ciel.

Dans ces contrées, la vie végétale ne se repose jamais. L'arbre pousse des feuilles nouvelles en même temps qu'il perd les anciennes; il porte à la fois des fleurs à l'état de bouton naissant, des fleurs épanouies et des fruits à tout degré de maturité; à l'intérieur du tronc, on ne distingue aucune trace des divers accroissements annuels; le bois présente, dans toute sa masse, une texture uniforme, car sa croissance ne subit pas d'interruption.

Cette continuité de la végétation s'explique par le climat. Sous les tropiques, l'année ne se divise pas en plusieurs saisons; une saison unique y règne d'un bout à l'autre; il n'y a pas lieu de distinguer un hiver et un été, un printemps et un automne. Chaque journée sersemble à la veille, et le lendemain n'en différera pas. La durée de la nuit est constamment égale à celle du jour ; les variations quotidiennes de l'atmosphère, si elles ne se reproduisent pas absolument, se compensent à peu près ; le soleil n'est jamais oblique, et la température journalière, à deux ou trois degrés près, est toujours la même. De là, dans la marche et dans l'aspect de la nature, une constante régularité, une éternelle uniformité, dont l'esprit mobile de l'homme, qui ne peut se passer de contrastes, est comme accablé.

Voici le tableau d'une de ces journées qui depuis des siècles s'accumulent, et qui s'accumuleront pendant bien des siècles encore, sur les terres tropicales. Au point du jour, le ciel est le plus souvent sans nuages. Le thermomètre oscille entre 22 et 23 degrés centigrades, ce qui est une chaleur modérée. La rosée abondante ou la pluie de la nuit dernière se dissipe bien vite aux rayons ardents d'un soleil qui se lève en plein orient et monte rapidement au zénith. La nature entière se réveille ; de nouvelles feuilles, de nouvelles fleurs poussent à vue d'œil. Où l'on n'apercevait la veille qu'une masse confuse de verdure, on découvre avec étonnement le lendemain matin un arbre en fleur, une cime, un dôme paré de vives couleurs : on se demande s'il ne vient pas d'éclore sous la baguette d'une fée. Tous les oiseaux renaissent à la vie ; des cris aigus, des chants variés éclatent de toutes parts.... La chaleur augmente rapidement jusque vers deux heures après midi, elle atteint alors 33 ou 34 degrés centigrades. Tous les bruits, toutes les voix se taisent. Seule la cigale, cachée dans les arbres, fait entendre par intervalles son aigre fausset. Les feuilles, si humides et si fraîches à l'aube, deviennent flasques et pendantes ; les fleurs perdent leurs pétales. Si l'on est en juin ou en juillet, on peut s'attendre à une forte averse, à laquelle du reste toute la nature aspire. La brise de mer, qui s'était levée vers dix heures et qui tempérait l'ardeur du soleil, tombe et meurt. La

Une forêt de l'Amérique tropicale.

chaleur et la tension électrique de l'atmosphère deviennent presque insupportables. Une langueur, qui dégénère en un véritable malaise, accable tous les êtres vivants, jusqu'aux hôtes de la forêt où tout semble assoupi. Mais voici que des nuages blancs apparaissent du côté de l'Orient et se rassemblent par masses dont le bord inférieur est une frange noire qui va toujours s'élargissant. Bientôt l'horizon entier se couvre de ténèbres qui montent et finissent par obscurcir le soleil. Un violent coup de vent ébranle alors la forêt et courbe la cime des arbres; puis vient un éclair éblouissant, un terrible coup de tonnerre et une pluie diluvienne. Ces orages ne durent pas; ils laissent dans le ciel, jusqu'à la nuit, des nuages immobiles d'un bleu noir. La nature entière est rafraîchie,. mais on voit sous les arbres des monceaux de pétales et de feuilles. Vers le soir la vie reprend; les chants, les cris, mille bruits retentissent de nouveau dans les fourrés et sur les arbres. Le lendemain matin le soleil se lève dans un ciel sans nuages, et voilà le cycle complété : le printemps, l'été et l'automne se sont confondus dans une seule journée tropicale. Ces journées se répètent, presque semblables, du commencement à la fin de l'année. Il y a sans doute une différence entre la saison sèche et la saison humide; mais cette différence est peu sensible, car la saison sèche, qui dure de juillet en décembre, est arrosée de fréquentes averses, et la saison humide, qui règne de janvier en juin, s'éclaire de nombreux jours de soleil[1].

Toujours de la chaleur, toujours de l'électricité, de l'eau toujours, c'est de quoi favoriser merveilleusement le développement des formes végétales. Aussi les plantes tropicales sont-elles remarquables tant par leur ampleur individuelle que par la multitude des espèces, dont un grand nombre restent encore cachées, inconnues et ano-

1. Walter Bates, *Scènes de la nature sous l'équateur.* (*Revue Britannique*, décembre 1863).

nymes, dans leurs retraites inexplorées ou plutôt dans la foule compacte et impénétrable qu'elles contribuent à former. On dirait que le sol qui les porte se liquéfie, se transforme en torrents de sève pour gonfler leurs tissus et accroître démesurément leurs organes. Leurs feuilles, d'un vert éclatant, lustré, acquièrent des dimensions inusitées ; certaines d'entre elles suffisent à couvrir une cabane ; d'autres forment un parasol à ombrager une famille. Beaucoup de leurs fleurs sont ou prodigieusement nombreuses (une seule spathe d'une espèce de Palmier, l'*Alfonsia amygdalina*, en contient plus de 200 000) ou énormes : l'une de ces dernières — celle d'une Liane qui croît sur les rives de la Magdalena — a 4 pieds de circonférence ; les enfants indiens s'en coiffent dans leurs jeux.

Les Palmiers sont les représentants les plus caractéristiques de cette flore. Leur tige, svelte, étonnamment élancée, s'élève quelquefois à 180 pieds de hauteur, et là-haut, dans un ciel d'un bleu intense, se couronne d'un superbe panache vert. Un des plus beaux est le Miriti (*Mauritia*), avec ses fruits rouges pendant en grappes massives, et ses feuilles largement étalées en éventail, si grandes qu'une seule fait la charge d'un homme. Un autre, le Jupati (*Raphia*), s'épanouit en une aigrette de feuilles semblables à des plumes, et qui mesurent parfois de 40 à 50 pieds. Un troisième, le Baccaba (*OEnocarpus*, Palmier à vin), laisse tomber ses fleurs en cordelettes cramoisies, auxquelles sont attachées de distance en distance des baies d'un vert clair : on dirait, dit Agassiz, de longues baguettes de corail, mouchetées de vert, pendant du tronc sombre de l'arbre.

Plusieurs espèces arborescentes rivalisent de grandeur avec les Palmiers : le *Mora excelsa*, géant dont la taille atteint 60 mètres et qui de loin ressemble à une colline de verdure ; une Myrtacée (*Berthollesia excelsa*), dont les fruits énormes tombent de cent pieds de haut avec le poids redoutable d'un boulet de canon ; le *Quebracho*, qui s'enveloppe de ses longs rameaux tombants, comme le saule pleureur ; le *Lapacho*, au vaste feuillage tout constellé de fleurs violettes ; le majestueux *Araucaria* dont les branches, enveloppées de feuilles imbriquées, écailleuses et d'apparence métallique, se recourbent comme les bras d'un immense candélabre.

Tous ces arbres, et bien d'autres encore qu'il faut renoncer à nommer, ont beau se presser les uns contre les autres, ils laissent entre eux des intervalles dans lesquels s'insinuent des Lianes grimpantes, les *Paullinia*, les *Banisteria*, les *Bignonia*, véritables serpents végétaux, s'enroulant autour des troncs, se repliant et se tordant sur eux-mêmes, et une foule de plantes parasites, telles que les *Orchidées* épiphytes, qui, ne trouvant plus de place sur le sol, s'en passent et s'implantent sur toutes les écorces, à toutes les hauteurs, comblant tous les vides. L'accumulation et l'enchevêtrement des feuilles, des fleurs et des tiges sont tels qu'il est presque impossible de reconnaître à quelles tiges appartiennent les fleurs et les feuilles, et un seul arbre, avec sa riche parure de parasites et de Lianes, porte un plus grand nombre d'espèces végétales qu'on n'en trouverait, dans la zone tempérée, sur une grande étendue de terrain.

Ces agglomérations compactes de plantes de toute taille et de toute forme constituent des forêts immenses qui couvrent tout le bassin de l'Orénoque et celui de l'Amazone, c'est-à-dire la moitié de l'Amérique méridionale. Il n'existe pas sur la surface de la terre une région boisée aussi vaste. Ces forêts vierges ne sont percées d'aucune route ; l'explorateur est forcé de s'y ouvrir un passage avec la hache ; il n'existe, pour les traverser, d'autres chemins que les nombreuses rivières, grandes ou petites, qui serpentent au milieu de leurs épais massifs. Il est, dit un voyageur, des villages isolés, habités par des missionnaires, distants de quelques milles seulement les uns des autres, et dont les religieux mettent un jour et demi pour aller se faire visite en suivant, dans un tronc d'arbre creusé en canot, les sinuosités des cours d'eau.

Toutefois ces forêts ne sont pas partout également touffues ; elle varient d'aspect selon la nature du sol. Dans les parties basses, fréquemment inondées, ce sont les Palétuviers, les Mangliers, les Fougères arborescentes, les Bambous qui dominent. Derrière ce rideau plus ou moins dense et relativement peu élevé, se dresse une futaie de Palmiers ; quelques essences feuillues s'y mêlent, mais, demeurant trois ou quatre mois sous l'eau, elles n'atteignent qu'une taille médiocre. Le sous-bois fait défaut. On n'aperçoit donc que des tiges nues de Palmiers, ne différant que par la taille, les unes minces comme des roseaux, les autres formant de massives colonnes, toutes enduites dans leur partie inférieure d'une couche épaisse de limon séché ; pas une Liane grimpante, pas une seule fleur attirant et récréant le regard ; par terre, entre les troncs, rien qu'un tapis de Lycopodes et des touffes de Graminées rigides.

Là où le sol se relève, sur les collines et sur les premières pentes des montagnes, la forêt prend un caractère de grandeur sévère et froide, de solennité imposante. Ce sont des colonnades sans fin d'arbres géants, assez largement espacés, supportant à plus de 100 pieds de hauteur un épais plafond de verdure qui intercepte complètement les rayons du soleil. L'élévation totale de cet édifice végétal, y compris le couronnement, peut être évaluée à 180 ou 200 pieds. Les troncs ont communément de 25 à 30 pieds de circonférence ; les plus gros en mesurent 50 et 60. Il semble que ce ne soit pas encore assez pour lui donner la solidité nécessaire, car beaucoup d'entre eux sont flanqués de contreforts saillants qui doublent la largeur de leur base : ces contreforts laissent entre eux des enfoncements profonds où parfois

Arbre couché et chargé de plantes parasites.

une demi-douzaine de personnes tiendraient à l'aise ; en examinant ces épaisses cloisons ligneuses, on reconnaît qu'elles sont formées par les racines de l'arbre, qui, ne pouvant sans doute s'étendre horizontalement dans le sol qu'une multitude d'autres racines remplit déjà, en sortent sur tout le périmètre de la souche et montent progressivement le long du tronc de façon à lui servir d'arcs-boutants. Le silence et le vide règnent dans toute la profondeur de la futaie. La vie s'est retirée de la terre pour se transporter dans les hauteurs, sur le massif de verdure qui forme le dôme de cette immense cathédrale : de là descend un murmure vague, continu, incompréhensible ; c'est un mélange de froissements de feuillage, causés par les courses et les gambades des Singes, et de chants, de cris confus provenant de milliers d'oiseaux invisibles.

C'est dans les terrains plats et constamment humides, couverts d'une profonde couche d'humus, au niveau des rivières, que la végétation forestière déploie toute son exubérance. Sous la voûte élevée des grands arbres, Palmiers, Fromagers, Lauriers, Cédros (qui n'ont rien de commun avec le Cèdre), d'autres arbres, appartenant aux mêmes espèces, mais plus jeunes et de moindre taille, s'efforcent d'arriver, eux aussi, à la lumière, et les tiges des uns et des autres plongent par leur partie inférieure dans un fourré de Cactus, de Broméliacées et de Graminées traçantes. Ces trois étages de végétation se rejoignent, se confondent ; les innombrables Lianes qui grimpent le long des troncs jusqu'aux cimes et qui, ne trouvant plus d'appui, retombent en longs cordages, passent d'un arbre à l'autre, se croisent en tous sens, s'attachent partout et se nouent entre elles, ainsi que les parasites, grêles, filiformes, qui, de tous côtés, pendent des rameaux comme des chevelures, achèvent de faire de toutes les plantes de la forêt une seule masse végétale. A vrai dire, dans cette masse, aucune plante n'existe plus à l'état individuel ; chacune y perd sa forme, son être propre ; elle n'est plus qu'une imperceptible et insignifiante molécule d'un tout immense.

Toutes ces espèces, tous ces individus, si étroitement entassés et enchevêtrés, se gênent, se nuisent réciproquement. Leur apparente tranquillité est trompeuse ; en réalité, ils soutiennent une lutte continuelle, implacable, les uns contre les autres : « C'est à qui s'élèvera le plus vite et le plus haut vers l'air et la lumière, branches, feuillage et tige, sans pitié pour le voisin. On voit des plantes en saisir d'autres comme avec des griffes et les exploiter, on est tenté de dire avec impudence, au profit de leur propre prospérité. Le principe qu'enseignent ces solitudes sauvages n'est certes point de respecter la vie d'autrui en tâchant de vivre soi-même, témoin cet arbre parasite, très commun dans les forêts tropicales, et qu'on nomme *Cipo matador*, autrement dit la *Liane assassine*. Il appartient à la famille des Figuiers. La partie inférieure de sa tige n'étant pas de force à porter le poids de la partie supérieure, le Cipo s'en va chercher un appui sur un arbre d'une autre espèce. En cela il ne diffère pas des autres végétaux grimpants, mais le procédé qu'il emploie a quelque chose de particulièrement cruel et de pénible à voir. Il s'élance contre l'arbre auquel il veut s'attacher, et le bois de sa tige s'applique en s'étalant, comme du plâtre à mouler, contre un des côtés du tronc qui lui sert d'appui. Ensuite naissent à droite et à gauche deux branches, ou plutôt deux bras, qui s'allongent rapidement : on dirait des ruisseaux de sève qui coulent et qui durcissent à mesure. Ces bras étreignent le tronc de la victime, se rejoignent du côté opposé et s'unissent. Ils poussent de bas en haut à des intervalles à peu près réguliers, de sorte que le malheureux arbre se trouve garrotté par une quantité de chaînons inflexibles. Ces anneaux s'élargissent et se multiplient à mesure que le perfide étrangleur grandit, et vont soutenir jusque dans

Arbre étouffé par des Lianes.

les airs sa couronne de feuillage mêlée à celle du patient qu'il étouffe; ce dernier, chez qui le cours de la sève est arrêté, languit peu à peu et meurt. On voit alors cet étrange spectacle de l'égoïste parasite qui serre encore dans ses bras le tronc inanimé et décomposé qu'il a sacrifié à sa propre croissance. Il en est venu à ses fins; il s'est couvert de fleurs et de fruits, il a reproduit et disséminé son espèce; il va mourir à son tour avec le tronc pourri qu'il a tué, il va tomber avec le support qui se dérobe sous lui[1]. »

Le *Cipo matador* peut passer pour un emblème de la lutte acharnée qui se livre incessamment dans les mystérieuses profondeurs de la forêt vierge. Nulle part la concurrence vitale et ses tragiques effets ne se manifestent d'une manière plus frappante que parmi ces innombrables populations végétales que produit sans mesure un sol trop fécond. Certains arbres n'ont pas moins d'efforts à faire pour loger leurs racines, forcées de surgir hors de terre et de devenir aériennes, comme nous l'avons vu, que d'autres pour se frayer une voie vers l'air et la lumière afin de déployer leurs feuilles et de mûrir leurs fruits. C'est de ce besoin de chercher leur vie, de se mettre en quête de conditions favorables à leur prospérité que résulte, ainsi que le fait ingénieusement remarquer M. Bates, la tendance de la plupart des végétaux des forêts tropicales à modifier leur nature, à allonger et à assouplir leur taille, à contracter des allures et des attitudes spéciales, en un mot à devenir grimpants. Les plantes grimpantes de ces pays ne constituent pas une famille naturelle. La faculté qu'elles possèdent provient d'une habitude en quelque sorte adoptive; c'est un caractère acquis, provenant de la force des choses et devenu commun à des espèces appartenant à une foule de

---

1. Walter Bates, *Scènes de la nature sous l'équateur* (*Revue Britannique*, décembre 1865).

familles distinctes qui, en général, ne grimpent pas. Les Légumineuses, les Guttifères, les Bignoniacées, les Urticées ont contribué à fournir beaucoup de ces espèces. Il y a même un Palmier grimpant, appelé Jacitara par les Indiens. Il s'est fait une tige grêle, flexible, tordue sur elle-même, qui s'enroule comme un câble autour des grands arbres, passe de l'un à l'autre et atteint une longueur incroyable, — plusieurs centaines de mètres. Ses feuilles pennées, au lieu de se réunir en couronne, comme celles des autres Palmiers, sortent du stipe à de grands intervalles et portent, à leur pointe terminale, de longues épines courbes. C'est avec ces épines, véritables griffes, qu'il s'accroche au tronc des arbres pour y grimper.

Un autre fait curieux, qui ne peut échapper à l'attention de l'observateur, c'est que les animaux qui habitent ces forêts si touffues sont pour la plupart, eux aussi, des grimpeurs. Le sol est trop encombré; ils n'y trouvent pas assez de place pour se mouvoir à l'aise. La superficie leur faisant défaut, ils cherchent une autre dimension dans l'espace, la hauteur. Le Jaguar monte aux arbres et se couche sur quelque grosse branche horizontale, d'où il guette sa proie. Le Chat-tigre escalade les échelles formées par les plantes sarmenteuses. Les Singes sont merveilleusement organisés pour grimper; outre leurs quatre membres munis de mains, ils ont une longue queue, musculeuse comme un bras et bien plus souple, prenante comme une cinquième main; ils se suspendent par cette queue, se balancent, prennent leur élan et traversent les airs d'un arbre à l'autre; ils ne descendent presque jamais à terre; quand on les tue à coups de fusil, ils ne tombent que bien rarement; ils restent, quoique morts, accrochés aux branches ou aux cordages de Lianes. Un carnassier plantigrade, le Kinkajou, habite exclusivement les arbres, grâce à sa queue flexible qu'il enroule autour des branches pour s'y fixer.

L'indolent Aï, ou Paresseux, se sert de ses longs bras et
de ses grands ongles crochus pour embrasser les troncs,
se cramponner aux branches et se hisser jusque parmi
le feuillage, dont il se nourrit; il ne descend à terre
que pour passer d'un arbre à un autre. Les Perroquets,
outre leurs ailes, ont encore, pour monter et descendre
de rameau en rameau, leurs fortes pattes aux doigts pre-
nants et surtout leur robuste bec crochu. Les Gallinacés,
qui ailleurs marchent généralement sur le sol, ont les
pieds conformés de manière à pouvoir percher, et on ne
les voit jamais que sur la cime des arbres. Il n'est pas
besoin de dire que les Serpents, lianes animales, qui
abondent dans ces solitudes boisées, sont faits pour se
nouer autour des branches, avec lesquelles, tant pour la
forme que par la couleur, ils semblent se confondre. Il
est même de nombreuses espèces d'insectes carnivores,
exclusivement terrestres dans les autres pays, et qui ici,
munies d'ongles et de crochets, vivent sur les branches
et sur les feuilles. Cette commune tendance de la vie
animale et de la vie végétale à fuir la terre s'explique
aisément; elle tient à une série de nécessités qui s'en-
chaînent : les végétaux trop pressés grimpent après l'air
et la lumière; les animaux frugivores ou granivores
grimpent après les graines ou les fruits, et les carnassiers, poussés par la faim, grimpent après la proie qu'ils
ne trouvent pas à terre[1].

En présence de cette luxuriante végétation forestière
de l'Amérique tropicale, qui n'est nulle part aussi riche
qu'au Brésil, sur les bords de l'Amazone ou de ses affluents, le voyageur est d'abord émerveillé. Ce qu'il voit
dépasse de beaucoup tout ce qu'il a vu ailleurs, tout ce
qu'il s'était plu à imaginer. S'il navigue en canot sur

1. Un Indien disait à Alexandre de Humboldt que les jaguars s'enfoncent souvent dans des massifs si impénétrables qu'il leur est
impossible de chasser sur le sol; ils sont alors réduits à monter
sur les arbres, où ils poursuivent les singes et les belettes.

une rivière en longeant l'une des rives, il ne se lasse pas d'admirer ces arbres qui défilent lentement devant lui, tous différents les uns des autres, dressant leurs panaches, déployant leurs éventails, laissant pendre au-dessus de l'eau leurs longues guirlandes de Lianes fleuries. En haut, en bas, partout des fleurs, les unes pourpres, d'autres d'un jaune d'or, d'autres diaprées; celles-ci s'épanouissent solitaires, celles-là réunies en ombelles, ou bien en grappes tombantes. Et quelle variété de formes! Quelles ressemblances bizarres! On croirait voir ici un Oiseau-mouche aux ailes étendues, là une Libellule, plus loin une Sauterelle, ailleurs une urne avec son couvercle, un encensoir. C'est le matin, et des Colibris au long bec arqué, éblouissants comme des écrins de pierreries, des Papillons dont les grandes ailes semblent découpées dans du satin bleu glacé de verdâtre, voltigent autour de ces fleurs. En levant la tête, on voit passer dans les airs, d'une cime d'arbre à une autre, des bandes de Perruches babillardes et, toujours par couples, de gigantesques Aras, les uns jaunes et bleus, les autres verts et rouges. Un autre oiseau, non moins brillant, au bec énorme, le Toucan, traverse lourdement. De tous côtés, dans les buissons, chantent le Cardinal huppé, à la voix claire, les Figuiers, qui rappellent nos fauvettes, l'Orphée roux, au gosier aussi sonore que celui de notre Merle et plus varié, plus mélodieux, enfin le Moqueur infatigable, inépuisable, toujours nouveau, tour à tour gai et mélancolique, léger et grave, lent et précipité, et qui est à lui seul tout un orchestre d'oiseaux. L'air est tiède, imprégné de mille parfums, les uns soudains, forts et passagers, les autres suaves et continus; parmi ceux-ci domine celui de la vanille. Sur le milieu de la rivière le soleil répand comme une autre rivière de lumière dorée, ou plutôt d'or liquide, coulant entre deux bandes d'ombre noire. Au loin, sur la rive opposée, la forêt recommence; elle forme un rideau de verdure,

Végétation des rives de l'Amazone.

aussi serré, aussi uni qu'une haie de jardin nouvellement taillée; dans le bas de cette muraille de feuillage,
on aperçoit de place en place des trouées sombres, de
véritables portes, pratiquées sans doute par les animaux
de la forêt; en effet on voit de temps en temps sortir
par ces ouvertures le Tapir et le Pécari, conduisant leurs
petits à l'abreuvoir; quand ils se sont baignés, ils se re-
tirent paisiblement en suivant le bord de l'eau, le long
du bois, et tout à coup disparaissent, quelques centaines de pas plus loin, par la première percée qu'ils
rencontrent. Assez souvent, si l'on remonte le courant,
on croise une île flottante, lambeau détaché de quelque
rivage, qui suit lentement le fil de l'eau; c'est un amas
de grands arbres, d'arbustes aux larges feuilles, inclinés dans toutes les directions, liés les uns aux autres
par des réseaux de festons fleuris; on dirait une immense corbeille de verdure et de fleurs; de grands oiseaux, des Hérons blancs, des Spatules, des Aigrettes,
sont venus s'y poser; ils poussent des cris joyeux en
battant bruyamment des ailes, comme enchantés de leur
voyage. Quelles admirables scènes! Quels sites délicieux!
Eût-on supposé qu'il existât sur la terre une contrée capable d'offrir de pareils spectacles? Et les hommes sont
assez insensés pour rester entassés dans les tristes villes
de la vieille Europe, pour se contenter de ses campagnes dénudées et monotones! Ce paradis terrestre que
l'on croyait perdu, n'est-il pas ici, et n'y retrouverait-on
pas tous les vrais biens, l'indépendance, le plaisir des
yeux, la paix de l'esprit, le bonheur?

Peu de voyageurs échappent à cet enthousiasme du
premier moment; aucun ne réussit à l'éprouver longtemps. L'admiration fait bientôt place au désenchan-
tement. C'est que la forêt vierge paraît bien différente
selon qu'on la regarde du dehors, sur la lisière, ou qu'on
y pénètre pour en visiter l'intérieur. Vous ne vous y êtes
pas plus tôt engagé, que vous vous trouvez enveloppé d'un

inextricable fouillis de feuilles, de branchages, qui semble se resserrer sur vous et vous empêche d'avancer. Vos mains s'embarrassent; vos pieds cherchent en vain un point d'appui; ils enfoncent dans une couche profonde d'herbes et de mousses, ils s'empêtrent dans un invisible lacis de plantes rampantes. Des épines acérées déchirent vos membres; des Lianes vous fouettent le visage; en un instant vous vous voyez couvert de myriades d'œufs, de chenilles, d'insectes, de parasites qui cherchent à traverser vos habits pour s'implanter dans votre chair et sucer votre sang[1]. Les belles profondeurs ombreuses que vous espériez, vous ne les trouvez pas; vous ne plongez pas vos yeux dans de longues perspectives composées de plans successifs; l'espace manque; il n'y a qu'un premier plan, qui est sur vous, qui vous touche. Les fleurs brillantes que vous vous promettiez d'examiner, de cueillir, ont disparu; elles sont enfouies, perdues dans la verdure, qu'aucune tache colorée n'égaye; vous n'apercevez que des masses vertes, variées seulement par la différence des tons et par celle des formes du feuillage[2].

Vous respirez un air épais, concentré, chaud, humide, alourdi par toutes les exhalaisons d'un sol imbibé d'eau et par l'incessante transpiration de toutes ces populations végétales, saturé en outre d'une fade odeur de moisissure dans laquelle flottent des parfums violents. Il vous semble que vous allez étouffer. Vous vous sentez envahi par un indéfinissable malaise, où l'anxiété se mêle à l'accablement. La lumière du jour, tamisée à travers tant de

---

1. Adolphe d'Assier, *le Brésil contemporain*.
2. M. Wallace, qui a passé de nombreuses années dans l'Amérique tropicale et dans les îles de l'archipel malais, affirme que les couleurs brillantes des fleurs jouent un rôle bien autrement important dans les paysages de nos climats tempérés, que jamais sous les tropiques il n'a rien vu de comparable à l'effet que produisent chez nous dans les bois, les genêts, les bruyères, les jacinthes sauvages, l'aubépine, les boutons d'or.

couches de feuillage, réfléchie de feuille en feuille
depuis le faîte de la forêt, n'arrive dans le fond qu'at-
ténuée, réduite à un vague crépuscule verdâtre, qui
s'assombrit encore quand, à l'approche d'un orage, le
ciel se voile de nuages épais. Alors tous les objets perdent leurs contours, se déforment à vos yeux, paraissent
grossis et prennent un aspect mystérieux, inquiétant. Le
tronc gisant, à demi recouvert par la végétation, ressemble à un Jaguar énorme accroupi dans l'herbe. Cette
tige tortueuse, enroulée sur elle-même, n'est-ce pas un
Boa guettant une proie, et toutes ces Lianes grêles qui
pendent, ne sont-elles pas autant de Couleuvres suspendues aux branches des arbres? Qu'un léger souffle de
vent vienne à balancer ces formes végétales et à leur
donner une apparence de vie : plus de doute, le tronc
d'arbre, la tige tortueuse, les Lianes vont rugir, vont
mordre, vont s'élancer sur vous[1].

La solitude et le silence qui vous entourent accroissent
votre émotion. Dans la journée, tous les animaux, ac-
cablés par la chaleur, se tiennent cachés; les oiseaux se
taisent, ou si quelques-uns, à de longs intervalles, se
font entendre, ce ne sont pas là des chants; ce ne sont
pas de ces gazouillements légers, de ces modulations
vives et gaies qui animent nos bois; c'est un cri rauque
et court, plusieurs fois répété, c'est une note unique,
prolongée et mélancolique[2], ou bien un roucoulement
plus fort, plus grave et plus triste que celui du ramier[3].
Il s'élève aussi de temps en temps, au milieu d'un calme
profond, des bruits singuliers et inexplicables : tout à
coup on croit entendre près de soi un soupir étouffé;
puis c'est une voix plaintive appelant dans le lointain;
voici ensuite un coup brusque, sonore, comme le rebon-

1. Paul Marcoy, *Voyage de l'Océan Pacifique à l'Océan Atlantique
à travers l'Amérique du sud.* Paris, 1868, 2 vol. in-8°. Hachette.
2. C'est la voix d'une espèce de perdrix nommée *inambû*.
3. Chant du *kamichi*, au moment des couvées.

dissement d'une barre de fer sur le tronc d'un arbre creux; à présent on dirait le tintement argentin d'une clochette, suivi, quelques minutes après, d'un éclat brusque, vibrant, pareil à celui d'une corde de violon qui se brise. On prête l'oreille en retenant sa respiration; on regarde de tous côtés; on se demande vainement à quels êtres ou à quels phénomènes on doit attribuer ces sons extraordinaires. Il est difficile de ne pas éprouver une vague terreur.

Le soleil disparaît, la nuit tombe tout d'un coup, et c'est alors que la forêt devient vraiment effrayante. Le voyageur qui s'est abrité sous sa tente après avoir allumé auprès de son campement un feu de bois sec pour éloigner les bêtes fauves, et qui comptait sur quelques heures de repos, ne peut fermer l'œil un moment. Un horrible concert de cris de fureur ou de détresse, rugissements et grognements de bêtes fauves, piaulements déchirants, gémissements lamentables de Singes, croassements rauques ou aigus de Perroquets de toute taille, retentit de tous côtés, ne s'arrête un instant que pour recommencer avec plus de violence. Que se passe-t-il? On le devine. Les Jaguars poursuivent les Pécaris et les Tapirs, qui, dans leur fuite, renversent les arbustes, brisent les buissons du fourré; dans le haut des arbres, les Alouattes ou Singes hurleurs, les petits Sapajous, les Singes nocturnes rayés prennent l'alarme et, par leurs cris perçants, la communiquent aux troupes de Perroquets, de Perruches et d'oiseaux de toute sorte perchés dans les environs. On ne peut se faire une idée d'un pareil vacarme; il est plus violent encore pendant les fortes averses, ou quand les éclairs, au milieu des détonations de la foudre, illuminent tout l'intérieur de la forêt[1].

Il est incontestable que ces magnifiques forêts de la

1. A. de Humboldt, *Tableaux de la nature.*

zone torride ne sont pas faites pour l'homme; elles ne l'admettent pas; elles le repoussent. Il va les visiter, poussé par son insatiable désir de voir et de savoir; il les contemple, il les étudie, mais il ne peut pas les aimer. Il y a incompatibilité entre elles et lui. Les barrières qu'elles lui opposent, le découragent; l'air impur, les chaudes vapeurs qu'il y respire, consument et gâtent son sang; ses nerfs s'y détendent; ses facultés intellectuelles et morales s'y dépriment, s'y dégradent. Il faut laisser ces forêts à elles-mêmes, aux forces organiques qui s'y déploient avec une fougue effrénée; il faut les laisser aux Crocodiles et aux Boas qui s'y plaisent, aux Singes qui les parcourent en se jouant de cime en cime : c'est leur domaine, leur patrimoine. Nous ne pouvons les voir sans nous reporter par la pensée à ces époques reculées où des plantes gigantesques couvraient la terre « encore molle des déluges », où les représentants les plus élevés du règne animal étaient d'informes reptiles vautrés dans la fange, où une atmosphère épaisse, chargée d'acide carbonique, pesait sur le sol, où le globe n'était pas encore prêt à recevoir l'homme.

Il y a des hommes, pourtant, dans ces forêts équatoriales; des peuplades d'Indiens y vivent. Mais ils y vivent en sauvages, sans industrie, sans travail. Pourquoi travailleraient-ils? S'ils perçaient un chemin dans l'épaisseur du fourré, le chemin se refermerait bientôt de lui-même. S'ils défrichaient un coin de bois pour y semer des graines utiles, ces graines se développeraient vite dans une terre si féconde, mais plus vite encore croîtraient une multitude de plantes sauvages, qui les étoufferaient. Ils se contentent donc de demander aux arbres leurs fruits, leur suc, leurs racines, à la forêt du gibier, aux plages des œufs de Tortue, à la rivière voisine du poisson. Quand cette rivière, grossie par la fonte des neiges lointaines et par des pluies torrentielles, inonde la rive boisée sur laquelle est bâtie leur cabane, et quelquefois la mine et l'emporte, ils se jettent dans leurs canots, se laissent emmener par le courant et vont s'établir ailleurs; que leur importe? partout ils trouveront des troncs d'arbres pour se construire une hutte, des feuilles de Palmier pour la clore d'une porte et la recouvrir d'un toit. Comme ces Indiens se subordonnent complétement à la forêt, subissent sa prépondérance, ne prétendent qu'à ce qu'elle consent à leur donner, la forêt admet ces hôtes discrets et soumis parmi tant d'autres, quadrupèdes, quadrumanes, oiseaux, insectes; elle les tolère, pourvu qu'ils restent des sauvages et n'essayent pas de se civiliser.

CHAPITRE XIII

La végétation forestière de l'Inde. — Les jungles et les Tigres. —
Le Figuier banyan. — Le Manglier. — Les forêts de l'Himalaya.
— Les éléphants. — Infériorité de la flore africaine. — La forêt
de Mitammba. — Les hautes herbes du Nil Bleu.

Les Indes orientales, y compris les îles de l'archipel de
la Sonde, ne nous offriront pas une végétation forestière
supérieure à celle qui couvre de ses massifs presque inin-
terrompus l'Amérique tropicale, particulièrement le Brésil. La flore, favorisée par un climat à la fois chaud et
humide, y est aussi d'une admirable richesse. Les Lianes,
les Épiphytes, ces parasites qui s'établissent sur les arbres
et les enveloppent de leur feuillage et de leurs fleurs, y
figurent en grand nombre. On y retrouve aussi la belle famille des Palmiers, représentée par près de trois cents
espèces. Mais les plus grandes de ces espèces, même
le *Corypha* qui, au Malabar et dans l'île de Ceylan,
atteint 22 mètres de hauteur, restent inférieures à
celles de l'Amérique. Beaucoup d'entre elles, plus de la
moitié, sont des Palmiers nains ou des Palmiers-lianes,
qui ne peuvent s'élever qu'à l'aide de supports. En
outre, les agglomérations végétales, si elles font sur
certains points autant de densité, présentent moins
d'étendue. L'Asie, au point de vue forestier, demeure
donc décidément en arrière du nouveau continent.

Les plus belles forêts indiennes se trouvent dans les grandes îles de la Sonde. L'Hindoustan en a conservé quelques-unes; on cite celle qui couvre une partie du delta du Gange et qui, dit-on, n'a pas moins d'un million et demi d'hectares. Cette forêt gagne continuellement du terrain : les torrents qui, au moment des grandes pluies et de la fonte des neiges, descendent des flancs de l'Himalaya, entraînent des avalanches de terres, qu'ils déversent dans le fleuve; ces terres sont charriées vers la mer et forment chaque année de nouveaux dépôts qui prolongent les plages du delta; la forêt s'en empare aussitôt, et la mer recule devant elle. Ces bois marécageux sont impénétrables; les crocodiles et les serpents y fourmillent; leur insalubrité est telle qu'on les regarde comme le berceau empesté du choléra.

L'Hindoustan est d'ailleurs, nous l'avons dit, une contrée depuis longtemps épuisée par l'homme; ses paysages ont un air de vétusté, de flétrissure, qui attriste. Une grande partie de son territoire consiste en d'immenses plaines sablonneuses tapissées d'une herbe jaune et desséchée, ou bien d'un misérable arbuste épineux, blanchâtre, qui leur donnent un aspect sauvage et désolé; de temps en temps on y rencontre les débris d'un village, butte d'argile, semée de fragments de poterie, avec quelques tombes dispersées à l'entour, ou même une ville considérable, dont les maisons et les mosquées sont encore debout, mais abandonnée, on ne sait pourquoi, et ne renfermant plus un seul habitant[1]. Enfin vous apercevez à l'horizon une vaste nappe de verdure, mais ce n'est pas la grande forêt que vous espériez; il y en avait sans doute une autrefois : elle aura été détruite par le feu, et ce n'est plus aujourd'hui qu'une jungle.

Les jungles sont la forme de végétation forestière la plus répandue dans l'Inde, et la plus caractéristique de

---

1. Correspondance de Victor Jacquemont.

cette contrée. Ce sont d'inextricables fourrés d'arbres, d'arbustes, de buissons, de végétaux rampants et grimpants, enchevêtrés les uns dans les autres. Elles envahissent tous les terrains inoccupés, particulièrement les plaines marécageuses. Qu'on se représente les maquis de la Corse dans des proportions gigantesques. Les Palmiers-lianes ou Rotangs abondent dans ces fourrés, et ce sont eux surtout qui les rendent tellement inaccessibles qu'on ne peut s'y frayer un passage qu'avec la hache. Ils s'attachent aux tiges des arbres, tantôt s'enroulant en spirale autour d'elles, tantôt s'y cramponnant à l'aide de vrilles épineuses formées par le prolongement du pétiole de leurs feuilles ; quand ils en ont atteint le sommet, ils s'élancent sur un arbre voisin, d'où ils passent sur un troisième, qui leur offre à la fois un nouveau support et un nouveau point de départ. Ils acquièrent ainsi un développement extraordinaire ; on a pu quelquefois suivre leurs troncs flexibles sur une longueur de plus de 500 pieds, sans en trouver l'extrémité. Quand même ces fourrés seraien moins impénétrables, l'homme ne serait pas tenté de s'y engager ; on y respire un air étouffant, chargé de vapeurs, empesté par les miasmes qui se dégagent d'un sol encombré de détritus végétaux et où de nombreux ruisseaux traînent languissamment leurs eaux vaseuses ; il est impossible d'y séjourner ; y passer une seule nuit serait s'exposer à une mort presque certaine.

Les Bambous forment aussi des jungles non moins touffues, où ils n'admettent que leur propre espèce. Sveltes et élancés, ils ressemblent à nos roseaux, mais ce sont des roseaux aussi grands que des arbres. Leurs stipes sortent en touffe serrée d'une base commune et s'élèvent à une hauteur de 25 et 30 mètres en s'inclinant de tous côtés de manière à former d'immenses arcs doucement courbés, et en entrelaçant leur feuillage. Les différentes touffes se touchent, se confondent et composent une véri table forêt. Tous ces Bambous s'agitent au moindre vent, s'entrechoquent et produisent un léger bruissement, un murmure presque continuel. Leur croissance est d'une rapidité extraordinaire ; en quelques jours on les voit s'allonger de plusieurs pieds ; ils se ralentissent et même subissent un temps d'arrêt durant les périodes sèches. La plus grande des espèces de Bambous développe dans le cours de trois à quatre mois sa gerbe de troncs montant à 32 et même à 35 mètres ; puis les sécheresses surviennent et tout cet édifice végétal s'écroule, frappé de mort, sur le sol. Il y a des Bambous épineux, plus bas et qui forment des massifs inabordables.

C'est à ses jungles que l'Inde doit le grand nombre de tigres dont elle est infestée. Ces animaux y vivent et s'y propagent à l'abri des poursuites de l'homme; ils en sortent, surtout la nuit, pour aller se mettre en embuscade aux abords des lieux habités, et même pour s'y introduire ; pendant le jour, ils restent cachés dans leurs repaires. Vainement les villes et les villages s'entourent de hautes palissades et juchent leurs maisons sur des pilotis à huit ou dix mètres au-dessus du sol; vainement d'intrépides chasseurs réussissent à tuer quelques tigres (plusieurs centaines par an ; tel d'entre eux peut se vanter de n'en avoir pas détruit à lui seul moins de 360) : les terribles carnassiers continuent à se multiplier et déciment la population. Des documents officiels constatent que, de 1866 à 1872, c'est-à-dire en six ans, et seulement dans les provinces de Bombay, du Pendjab, d'Oude, du Bengale et de la Birmanie anglaise, le nombre d'individus dévorés ou morts à la suite de blessures a été de 200 000 (sur lesquels 20 000 doivent être portés au compte des serpents venimeux), ce qui fait une moyenne de 33 000 personnes par an; et l'on assure que, depuis lors, cette moyenne a toujours été en s'élevant.

Parmi les productions végétales les plus curieuses de l'Inde, il faut citer le Figuier Banyan et le Manglier, qui se propagent en massifs continus de façon à constituer

Figuiers Banyans.

de véritables forêts. Ces deux arbres singuliers semblent doués d'une sorte d'intelligence ou d'instinct qui s'applique à déjouer, par d'ingénieux procédés, de certaines circonstances — d'organisation chez le premier, d'habitat pour le second — contraires à la prospérité de leur espèce. Le Banyan n'a qu'un tronc faible et peu élevé, incapable de soutenir une ramification vigoureuse. Que fait-il? Il se loge presque toujours en parasite sur d'autres arbres, tels que les Palmiers, et il les enveloppe de ses racines comme d'un treillis. Le Palmier, serré, étranglé, périra; mais qu'importe au Banyan? Solidement installé, il étend ses branches, qui, à leur tour, émettent de haut en bas des racines. Celles-ci descendent jusqu'au sol, s'y implantent et se convertissent en de nouveaux troncs, c'est-à-dire en supports pour des branches nouvelles. Dès lors le développement du Banyan dans le sens horizontal devient pour ainsi dire illimité. On voit les cimes s'ajouter aux cimes et former comme autant de dômes d'une même colonnade. M. Reinwardt a vu dans l'archipel indien une grande forêt dont tous les arbres étaient, par leur ramure, unis les uns aux autres et avaient été sans exception engendrés par un seul tronc. Ainsi un arbre débile a trouvé le moyen de s'établir sur la terre plus puissamment qu'aucune autre essence.

Le Manglier ou Rhizophore avait à se tirer d'une difficulté plus grande encore, résultant de la nature des terrains qu'il occupe. Il pousse sur le bord de la mer, dans un sol limoneux et mou que le flot submerge deux fois par jour : il y laisserait bien inutilement tomber sa semence ; celle-ci ne pourrait germer, fixer sa radicule, car elle serait entraînée; d'ailleurs le feuillage de la jeune tige souffrirait dans l'eau. C'est pourquoi les fruits, qui sont allongés en silique et suspendus verticalement, restent en place et donnent naissance à des racines aériennes, qui vont, comme celles du Banyan, s'enfoncer en terre. Quand les jeunes arbres ont pris pied dans le

sol et sont en état de se nourrir eux-mêmes, ils se détachent de la plante mère. Les bois de Mangliers présentent
un étrange aspect, qui varie selon que la mer est haute
ou basse : à marée haute, on voit une multitude de troncs
rabougris couronnés d'un épais feuillage luisant comme
celui du Laurier et s'élevant seulement de quelques mètres
(de 4 à 8) au-dessus de la surface de l'eau ; c'est une véritable forêt marine. A marée basse, on aperçoit toutes
les racines mises à découvert, formant des arcs-boutants
ramifiés, des arcades enchevêtrées, plongeant par leur
bout inférieur dans le limon de la plage et supportant à
leur extrémité supérieure, au point où elles se réunissent,
le tronc, qui se balance librement dans les airs. Chaque
arbre, semblable à un vaisseau reposant sur plusieurs
ancres, est assez fortement étayé pour résister au mouvement des vagues[1]. Les Mangliers ne sont pas particuliers à l'Inde ; on les trouve répandus sur toutes les côtes
tropicales.

Il y a sur la frontière septentrionale de l'Hindoustan
une étroite région où tous les spécimens les plus inté-
ressants de la flore indienne, rassemblés comme dans un
merveilleux jardin botanique, s'offrent aux yeux du voyageur. Cette région longe la base et gravit les flancs de la
chaîne de l'Himalaya. Dans sa partie la plus basse, elle
nous présente un sol plat, marécageux, revêtu d'une
exubérante végétation. C'est une suite ininterrompue de
jungles et de forêts, baignant à souhait leurs racines
dans une eau qu'elles n'épuisent jamais, leur feuillage
dans une atmosphère constamment saturée d'humidité.
Un perpétuel brouillard enveloppe cette zone, qui porte
le nom de Teraï ; dans le milieu du jour, quand le soleil
y darde à pic ses rayons incandescents, on voit s'élever
du sein de la terre de hautes colonnes de vapeur, qu'on
prendrait pour des nuages de fumée : le soleil, qui les

______

1. Grisebach, *la Végétation du globe.*

Le Manglier ou Rhizophore.

soulève, y éteint son éclat; on n'aperçoit jamais l'azur du ciel. Les plantes sont là dans leur domaine; elles y prospèrent; elles n'y meurent que de pléthore; elles pourrissent, mais ne peuvent se dessécher. Cette région est inhabitable pour l'homme; il y respire la fièvre et la mort. L'Hindou, pas plus que l'Européen, ne résiste à un tel climat. On y rencontre cependant quelques misérables peuplades, végétant dans leurs cabanes de feuillage, au visage pâle et amaigri, au corps chétif et déformé, type de la dégénérescence qu'une pareille demeure fait subir à la nature humaine. Les animaux eux-mêmes fuient le Teraï. La forêt est vide et muette; le peu d'oiseaux qui s'y trouvent ont une voix plaintive.

Au-dessus de cette plaine longue et étroite (plus large en de certains points, dans le Népaul par exemple, où elle n'a pas moins de 15 et 20 lieues), sur les premières croupes de l'Himalaya et jusqu'à une hauteur d'environ 3000 pieds, croissent de magnifiques Palmiers, des Fougères arborescentes, des Bambous de la plus grande taille, des Gommiers et des Figuiers gigantesques, auxquels une multitude de plantes grimpantes mêlent leurs draperies de feuillage, leurs guirlandes de fleurs. Nous sommes ici en dehors des tropiques, et nulle part l'Inde tropicale ne déploie une végétation plus étonnante par la beauté et l'infinie variété des formes, par l'éclat et la diversité des couleurs.

Plus haut sur la montagne, depuis 6 000 jusqu'à 10 000 et même 11 000 pieds d'altitude, la scène a complètement changé; elle est plus imposante encore. C'est la région des grandes forêts d'arbres résineux, Pins à longues feuilles, Pins épineux, Cyprès, Cèdres, dont le superbe Deodara, qui atteint 70 mètres de haut et 10 mètres de tour. Ces massifs d'arbres géants tapissent même les parois les plus escarpées, les versants les plus abrupts, que le pied de l'homme n'a jamais foulés et ne foulera jamais. Ils ont au nom de forêts vierges les mêmes droits que les jungles les plus impénétrables de l'Inde des tropiques, mais « combien ils en diffèrent ! dit un voyageur[1]. Dans l'Himalaya, chaque arbre grandit à part jusqu'à son entier développement : pas de plantes grimpantes, pas d'étouffants parasites qui l'enserrent jalousement, lui dévorent son meilleur suc et lui ravissent l'espace nécessaire à toute sa croissance. Chaque tronc se présente avec ses formes propres, dans toute son individualité; l'œil se repose paisiblement dans ces forêts sur le vert sombre des arbres, sur leurs harmonieuses couleurs, et sur les grandes fleurs blanches et rouges des rhododendrons et des magnolias. » On y respire avec délices un air frais et pur; on s'y désaltère à des eaux courantes et limpides, qui descendent des sources glacées des sommets; les torrents font entendre de tous côtés leur continuel murmure; et « ce qui contribue à ajouter une beauté nouvelle aux forêts des croupes himalayennes, c'est un climat splendide, un ciel toujours bleu sans le moindre nuage; puis, tandis que l'on chemine au fond d'une étroite vallée parmi les arbres et les fleurs, tout à coup, à quelque détour du sentier, on voit se dresser un pic gigantesque portant sur ses flancs et à son sommet des champs de neige et de glace de plusieurs milliers de pieds d'étendue et formant un merveilleux contraste avec les tons verts des forêts qui assombrissent toutes les pentes voisines. »

Tandis que les forêts marécageuses et insalubres du Teraï sont désertes, celles de l'Himalaya sont au contraire peuplées de nombreux animaux, dont les espèces varient en même temps que les familles végétales sur les divers étages de la montagne. « Jusqu'à l'altitude de 10 000 pieds, dans les jours les plus chauds de l'année comme dans les froides journées où l'hiver recouvre la terre d'un manteau de neige, les singes cabriolent sur les branches aux larges feuilles vertes ou sur les rameaux

1. M. Robert de Schlagintweit.

des arbres à aiguilles. Les crevasses des rochers, les fondrières, les cavernes donnent asile au renard, à l'ours,
au léopard, même au tigre. Sur les rochers nus, dans les
sables, les serpents prennent leur bain de soleil. Des
milliers de papillons multicolores voltigent autour des
fleurs. Des faisans au plumage éclatant, d'innombrables
petits perroquets bavards, le coq et la poule sauvages
animent la solitude des forêts. » Au-dessus de 14 000
pieds, tous les animaux des zones inférieures ont disparu. Les carnassiers ont cédé la place aux timides her-
bivores. Les Kiangs ou chevaux sauvages, les Yaks ou
bœufs thibétains, que leurs longs poils tombants enveloppent comme d'une robe, diverses espèces de grands
moutons, des antilopes, des gazelles errent en troupes
nombreuses sur les hauts plateaux rocheux, parcourant
de vastes espaces à la recherche de maigres pâturages.
On ne voit plus d'oiseaux, si ce n'est de temps en temps
un aigle ou un vautour.

Bien que la plupart des grandes forêts de l'Inde aient
été éclaircies par des exploitations répétées ou par des
incendies, il s'en trouve encore d'assez vastes et assez
épaisses pour abriter dans leurs profondeurs des bandes
d'éléphants sauvages. Ces énormes bêtes, qui pourraient
être si redoutables, y vivent cachées, inoffensives et pacifiques. Elles sont toujours réunies en troupeaux, ou
plutôt en familles, car tous les individus qui composent
un troupeau sont des membres d'une même famille. Pendant le jour, les éléphants se tiennent dans les endroits
les plus retirés et les plus ombragés de la forêt, immobiles, les uns debout, les autres couchés côte à côte, les
petits folâtrant autour de leurs mères; ils profitent de
l'obscurité de la nuit pour accomplir leurs pérégrina-
tions. Lorsqu'ils se rendent vers l'étang où ils ont cou-
tume de se baigner, ils marchent sous la conduite d'un
chef, auquel tous obéissent; celui-ci n'avance qu'avec
précaution, s'arrêtant de temps en temps, observant, pré-

tant l'oreille : au moindre indice de danger, au plus petit bruit suspect d'herbes foulées, de feuillage froissé, il donne l'alarme et tout le troupeau prend la fuite. Traqués, pris, domptés, devenus domestiques, — leur éducation s'achève en quelques mois, — ils rendent les plus grands services comme bêtes de somme. Sans eux, les voyages dans les contrées boisées et montagneuses de l'Inde seraient impossibles. Ils montrent une force et une intelligence merveilleuses pour s'ouvrir un passage à travers les forêts et les jungles. Ils entendent le langage du cornac qui les dirige, comprennent ses moindres ordres et les exécutent avec une docilité et une précision dont on ne croirait pas qu'un animal fût capable. Un gros arbre barre-t-il le passage? l'éléphant appuie contre le tronc son large front, sans avoir l'air de faire le moindre effort, et l'arbre s'incline, ses racines sortent de terre, et le voici bientôt abattu sous la pression du pied colossal qui s'est posé sur lui. Si quelque grosse liane menace de blesser ou seulement de gêner le voyageur qu'il porte, il attire à lui avec sa trompe cette sorte de cable monstrueux, le déchire, le rompt comme un enfant ferait d'un simple fil, et n'avance jamais sans avoir dégagé une place assez large pour lui-même et pour la charge placée sur son dos : il semble en avoir mesuré la hauteur. S'agit-il de descendre une pente rapide, presque à pic, glissante? l'animal, qui est un montagnard, n'est pas embarrassé : il raidit ses jambes de devant, laisse traîner celles de derrière de façon à toucher le sol des cuisses, presque du ventre, et glisse jusqu'au bas du précipice sans perdre l'équilibre. Quand plusieurs éléphants débouchent ainsi les uns après les autres d'un défilé, on les prendrait pour des blocs de rocher qui se sont détachés de la montagne et qui, entraînés par leur poids, roulent vers la vallée. S'il faut gravir un talus, par exemple le lit pierreux d'un torrent desséché, l'éléphant scrute de l'œil, tâte de la trompe la souche aux racines

Éléphants domestiques escaladant un rocher.

déchaussées, la pierre, la touffe d'herbe sur laquelle il va mettre le pied; il n'avance pas d'une ligne sans s'être assuré que le terrain a la stabilité nécessaire pour le porter[1].

Les éléphants ne servent pas seulement de montures: ils s'emploient aussi dans l'exploitation des bois, et ils y font preuve d'une intelligence surprenante. On les voit travailler seuls dans les coupes; ils savent ce qu'ils ont à faire et ils s'en acquittent ponctuellement. Quand ils ont traîné les arbres abattus, — dans les passages difficiles, ils les chargent sur leurs défenses et les portent, et souvent ce sont des pièces de 60 à 80 pieds cubes, — ils les entassent en piles régulières; pour faciliter l'opération, lorsque la pile devient trop haute, ils y appuient deux poutres inclinées, sur lesquelles ils font glisser de bas en haut les lourdes solives. Ces animaux ne rendent pas de moindres services dans certaines scieries de bois de teck; ce sont eux qui apportent et posent les troncs équarris sur les supports où la scie doit les débiter en planches, et ils ont soin, dit-on, d'aller regarder successivement des deux côtés s'ils les ont mis convenablement en place. Des ouvriers seraient cent fois moins forts et ne seraient pas plus habiles.

L'énorme et massive Afrique est, sous le rapport du développement de la vie végétale, bien inférieure à l'Inde ainsi qu'à l'Amérique méridionale. La place qu'elle occupe sur le globe paraît pourtant privilégiée. Aucune autre terre ne contient une aussi vaste étendue intertropicale. Le soleil la couvre tout entière de ses plus chauds rayons. Mais si la chaleur ne lui manque pas, l'humidité lui est mesurée parcimonieusement. L'Afrique est mal arrosée. Les brises marines ne font qu'effleurer ses côtes. Elle a de vastes régions, — le Sahara au nord, le désert de

1. L. M. de Carné, *Exploration du Mekong.* (*Revue des Deux-Mondes*, 1ᵉʳ mai 1869.)

Kalihari au sud, — que les pluies ne visitent presque jamais. Elle n'est pas dépourvue de fleuves et de rivières, mais beaucoup de ces cours d'eau, irrégulièrement alimentés, procèdent par crues subites et passagères, sont plus ou moins intermittents : de là l'indigence relative de la flore africaine.

Dans les parties boisées du Soudan, les forêts sont disséminées au milieu des savanes et coupées par de vastes clairières. Les arbres de haute futaie y sont rares, et les plus grands sont loin d'atteindre la taille des nôtres. Souvent on a de la peine à circuler dans les massifs, à cause du plafond trop bas formé par les cimes. Sur le versant occidental de la région montagneuse de l'Abyssinie, la hauteur des arbres varie généralement de 8 à 15 mètres. Plus bas, le long des rivières qui vont grossir les unes le Congo, les autres le Zambèze, quelques tiges s'élèvent à 20 et 25 mètres, parce que l'eau courante favorise leur croissance, tandis que les mêmes essences demeurent basses et rabougries là où elles ne reçoivent que les pluies. Plus bas encore, dans la colonie du Cap, la végétation arborescente déserte les plaines, qu'envahissent les buissons, s'abrite dans les ravins montagneux, se presse sur les rives des cours d'eau, va chercher sur le littoral les vents humides de la mer.

Les Palmiers sont très répandus sur le sol africain, mais peu variés ; les espèces auxquelles ils appartiennent sont dix fois moins nombreuses que celles de l'Amérique et de l'Asie. Les deux ou trois principales d'entre elles constituent à elles seules de monotones forêts qui ont parfois plusieurs lieues d'étendue. On vante le Baobab, la merveille végétale de l'Afrique, dont le domaine s'étend depuis la Nubie jusqu'à la Sénégambie et descend dans le sud jusqu'au vingt-cinquième degré de latitude ; mais le Baobab est-il un bel arbre ? Sa tige est énorme à la base, elle atteint 6 et 8 mètres de diamètre ; puis elle va s'amincissant graduellement jusque vers le milieu de sa hauteur. Sa couronne manque d'élévation et d'envergure ; elle se compose de grosses branches ramassées, tortueuses, qui n'ont des feuilles qu'à l'extrémité de leurs dernières ramifications et qui même les perdent pendant une partie de l'année. Un voyageur a qualifié le Baobab de ruine dépourvue d'ombre. Cet arbre informe est bien un produit de la terre puissante et rude qui a enfanté l'hippopotame, l'éléphant. Le Sycomore, qui abonde dans le Soudan, se couvre d'une vaste cime et répand une ombre épaisse, mais il se dépouille aisément de son beau feuillage et reste longtemps dénudé. Les Bambous et les Fougères arborescentes ne jouent qu'un rôle subalterne dans la flore de l'Afrique.

Si les arbres de haute futaie ne sont pas communs dans les forêts africaines (nous ne parlons pas des beaux Cèdres de l'Atlas, que leur situation septentrionale et leur altitude placent dans des conditions climatériques exceptionnelles), les arbustes, les buissons, une multitude de plantes basses, rampantes, grimpantes, sarmenteuses, épineuses, y forment dans les fonds humides un sous-bois touffu qui peut rivaliser avec les jungles les plus inextricables de l'Inde. Tous les explorateurs de l'intérieur de l'Afrique, M. Trémeaux sur les rives boisées du Nil Bleu, Livingstone sur celles du Zambèze, M. Stanley en descendant le cours du Congo, ont été aux prises avec ces redoutables fourrés. La traversée de la forêt de Mitammba, située non loin de Nyangoué, fut pour M. Stanley une des plus pénibles épreuves de son voyage. Le sous-bois se composait d'herbes dures et coupantes, de Roseaux, d'Orchidées, mêlés à des Lianes, à des Figuiers de la grosseur d'un câble, à des Acacias, des Tamariniers, des Vignes folles, des Palmiers nains de diverses espèces : le tout formait un lacis, un tissu à mailles serrées et élastique, haut d'une vingtaine de pieds, qu'il fallait ouvrir, déchirer avec les mains, maintenir écarté avec les coudes pour passer. Toutes ces tiges, ces branches, ces feuilles étaient inondées de rosée et laissaient tomber

de larges gouttes, en pluie dense et continue, sur le
voyageur et son escorte, dont les habits furent bientôt
traversés. De nombreux étages de rameaux superposés
interceptaient la lumière du jour; on ne savait si le soleil brillait ou si le ciel était couvert de nuages. Par moments l'obscurité était si profonde que M. Stanley écrivait ses notes de voyage sans pouvoir les lire. Le sol
était un terreau noirâtre, mou, détrempé, sur un fond
d'argile imperméable; à chaque pas, l'eau rejaillissait
sous la pression du pied et éclaboussait les marcheurs.
Les plantes mêmes ne trouvaient pas dans cette boue un
support solide; on n'avait qu'à tirer sur un arbuste pour
le déraciner; les grands arbres n'étaient pas parvenus à s'y
implanter profondément; on voyait leurs racines courir,
à moitié découvertes, à la surface du sol; ils semblaient
ne se tenir debout qu'en raison de la largeur de leur
base; la terre leur servait d'appui, mais ne les retenait
pas : le moindre coup de vent les aurait sans doute renversés, mais le vent ne pénétrait jamais dans ces cloîtres
ombreux; la tempête mugissait peut-être au dehors, un
calme absolu n'en régnait pas moins dans les profondeurs de cet océan de verdure. Une atmosphère humide,
chaude, étouffante comme celle d'une étuve, enveloppait
les voyageurs; une épaisse vapeur montait visiblement
du sol et formait un nuage au-dessus de leurs têtes; le
matin, la buée était si compacte qu'on distinguait à peine
le feuillage des arbres environnants. On dut fréquemment descendre des talus escarpés, encombrés d'une
végétation plus dense encore, passer des ruisseaux, même
des rivières, et gravir presque à pic la berge opposée.
Les hommes de l'escorte, qui avaient à porter de lourds
fardeaux, étaient exténués, découragés; une fois ils mirent
un jour entier pour faire une étape de six milles, tant
les difficultés de la marche étaient grandes. « Certes,
dit M. Stanley, nous avions vu des forêts auparavant,
mais celle-ci devait faire époque dans notre existence,

souvenir d'une amertume à ne jamais oublier. Tout met
tait le comble à nos misères. l'obscurité continuelle,
l'humidité pénétrante, l'insalubrité de l'atmosphère, la
monotomie de la scène : toujours des branches enlacées,
des amas de feuillage, toujours de hautes tiges d'arbres
s'élançant d'une jungle éternelle où nous avions à faire
notre trouée, souvent en rampant sur les mains et sur
les genoux[1]. » M. Stanley et la troupe qui l'escortait ne
mirent pas moins de 14 jours. — du 6 au 19 novembre
1876, — à franchir cette sinistre forêt.

M. Trémeaux ne se trouva pas dans une situation moins
difficile, lorsqu'au sortir d'un bois, où il pouvait se mouvoir sans trop de peine, la voûte de verdure ayant de
quatre à cinq mètres de hauteur, il dut s'engager, pour
regagner le Nil Bleu, où sa barque l'attendait, dans un
épais fourré de Tamariniers, de grands joncs et de hautes
herbes. Il était comme enseveli au milieu de ces masses végétales. Bientôt il lui fut aussi impossible d'avancer que de
reculer ; les touffes d'herbes et de joncs se refermaient sur
lui et l'emprisonnaient. N'apercevant ni le ciel ni la terre,
ni aucun espace vide autour de lui, il ne reconnaissait
plus par où il était venu et ne savait dans quelle direction il devait s'ouvrir une issue. Sa fatigue, son trouble
étaient extrêmes. Il désespérait de sortir de ce labyrinthe.
Enfin il rencontra plusieurs coulées pratiquées par les
animaux. Ces coulées se croisaient, formaient à leurs
points de réunion de petits carrefours, puis se divisaient
de nouveau et se perdaient dans l'épaisseur des herbages.
Elles avaient tout au plus 80 ou 90 centimètres de hauteur. Le voyageur pénétra dans ces étroits tunnels, où il
était forcé de se tenir ployé en deux, frôlant de son dos
la voûte de la trouée, obligé souvent de se baisser davantage encore et de marcher à la façon des habitants de la

1. Henri Stanley, *A travers le continent mystérieux*. Librairie Hachette, 1879.

jungle, c'est-à-dire à quatre pattes. Ses forces étaient à bout ; il s'arrêtait à chaque instant pour reprendre haleine. Ses réflexions n'étaient pas propres à l'encourager : n'était-il pas exposé à se trouver face à face avec quelque animal dangereux, et dans ce cas, pressé comme il l'était de tous côtés par cette végétation compacte, comment se défendre ? il ne pourrait même pas fuir. Il crut plus d'une fois qu'il n'échapperait pas à ce péril : des pas nombreux, rapides, se firent entendre, se dirigeant vers lui, se rapprochant de plus en plus, mais la sonorité de ces pas lui fit conjecturer qu'ils étaient ceux de quadrupèdes à sabots, sans doute inoffensifs : c'étaient en effet des troupes de timides antilopes, qui, en l'apercevant, eurent peur et rebroussèrent chemin.

Mais le soir vint et les carnassiers s'éveillèrent, se mirent en mouvement. Des cris effrayants retentirent dans la forêt voisine. Un chacal, le premier, poussa son hurlement plaintif et prolongé ; les glapissements saccadés et stridents de l'hyène semblèrent lui répondre. Ce fut comme un signal ; d'autres cris éclatèrent de toutes parts, d'autant plus fréquents et plus forts que l'obscurité augmentait. Stimulé par le danger, M. Trémeaux redoublait d'efforts et gagnait du terrain ; il sortit enfin des herbages, mais, pour atteindre le fleuve, il vit qu'il avait encore à traverser une partie de bois, prolongement de la forêt, qui s'étendait jusqu'à la rive. Il s'y engagea résolument, portant les mains en avant et tâtonnant pour ne pas se heurter aux troncs d'arbres ni s'empêtrer dans les broussailles ; il marchait le plus légèrement possible, de peur de faire du bruit et d'attirer l'attention des bêtes fauves. Tout à coup un effroyable soupir, qui dénotait une puissance de poumons à défier tous les soufflets de forge, fit frémir les voûtes de la forêt, à peu de distance devant lui. A ce souffle d'une profondeur et d'une gravité formidable, tous les hurlements, tous les petits glapissements qu'on entendait aux alentours, se turent subitement : la nature fut comme frappée de mutisme. Quelques instants après, un second soupir, semblable au premier et venu du même endroit, se fit entendre ; il fut immédiatement suivi d'un épouvantable rugissement, qui se répéta plusieurs fois. Aucun doute n'était possible, c'était le lion ; il se trouvait précisément sur le chemin que devait suivre le voyageur. Celui-ci s'arrêta et demeura cloué sur place. « Jamais, dit M. Trémeaux, la voix du lion ne m'avait semblé si terrible. Sans qu'elle parût coûter le moindre effort de poumons, cette voix remplissait l'espace de sons caverneux ; elle communiquait une sorte de commotion à tous les objets environnants[1]. »

Au bout de quelque temps, comme les rugissements ne s'étaient pas reproduits, l'explorateur, espérant que le lion ou les lions, car ils pouvaient être plusieurs, s'étaient éloignés et avaient laissé le passage libre, se remit en route avec précaution ; il ôta même ses chaussures pour marcher plus silencieusement. Il réussit à atteindre la lisière du bois ; il en sortait et n'avait pas fait plus de quatre ou cinq pas sur le sol sablonneux qui aboutissait à la rive, quand un animal, qu'il ne put qu'entrevoir, se leva devant lui et rentra précipitamment, un peu plus loin, sous le couvert de la forêt : aussitôt deux épouvantables rugissements, suivis de grognements et de soupirs affreux, retentirent à cet endroit même. M. Trémeaux demeura immobile, comme pétrifié par l'émotion. Ses yeux scrutaient en vain l'obscurité, il ne voyait rien, mais des craquements de branches, le feuillage secoué, froissé sous l'impulsion de mouvements violents et désordonnés, et une sorte de râle étouffé, d'horribles bruits rauques qui s'y mêlaient, révélaient assez clairement ce qui se passait à quelques pas de là. Évidemment l'animal inconnu qui venait de s'enfuir dans le bois était tombé sous les

1. M. Trémeaux, Voyage au Soudan oriental. (*Tour du Monde*, 1866. 2ᵉ semestre.)

griffes des lions, qui s'y tenaient en embuscade. Tel eût
été très probablement, sans cet incident, le sort du voyageur, qui, n'ayant plus à redouter les lions occupés à
leur repas, put gagner la rive et retrouver sa barque :
une exclamation de surprise et de joie, poussée par les
hommes de l'équipage, accueillit son apparition ; on avait
entendu les rugissements des bêtes féroces et on le
croyait perdu.

CHAPITRE XIV

Les grands arbres, élevant leur cime jusqu'au ciel et écrasant de leur fût gigantesque l'infime taille humaine, interposant leur vaste ombrage entre le soleil et la terre, servant d'asile aux oiseaux et à leurs nids, ne se dépouillant de leur feuillage que pour en revêtir un nouveau, ne se lassant pas de prodiguer leurs fruits, survivant à de nombreuses générations au point de sembler éternels, ont dû prendre aux yeux des hommes primitifs un caractère surnaturel; ils leur ont paru sacrés. Puisque les peuples anciens ne s'expliquaient le mouvement et la vie de tous les êtres de la nature que par l'intervention de dieux et de génies, invisibles, mais partout présents et toujours actifs, comment n'auraient-ils pas attribué les grands arbres des forêts aux plus puissants et aux plus nobles de ces êtres supérieurs?

C'est ainsi qu'à Dodone, l'antique cité des Pélasges, une forêt de Chênes entourait l'autel de Jupiter. On croyait que ces arbres étaient les confidents du souverain des dieux et qu'ils révélaient sa volonté par le murmure de leurs feuilles. Les vases d'airain qui étaient suspendus aux branches n'avaient d'autre office que de traduire ce murmure par des accents plus sonores, lorsque le vent les agitait et les faisait s'entre-choquer. Suivant une autre tradition, les Pigeons qui habitaient dans les Chênes de Dodone rendaient aussi des oracles par leurs roucoulements. Mais de qui ces oiseaux tenaient-ils leur science, si ce n'est des arbres dans l'intimité desquels ils vivaient?

Quand les bois n'étaient pas consacrés aux grands

Sacrifice auprès d'un arbre sacré, d'après un bas-relief du Louvre.

dieux, tels que Jupiter, Apollon ou Diane, les Hellènes ne les abandonnaient pas à l'empire d'une nature sourde et aveugle ; ils les peuplaient de Dryades, d'Hamadryades, de Napées. Venait-on à abattre quelqu'un des arbres de ces bois? Les coups retentissants de la hache étaient les plaintes de ces charmantes divinités, chassées de leur asile.

Les Pélasges de l'Italie et, après eux, les Latins professaient le même culte pour les arbres. Diane régnait sur

leurs forêts. Il n'y avait pas de bocages sans Faunes, sans
Sylvains. Virgile, dans l'*Énéide*, nous montre le vieux
roi Latinus allant consulter le dieu Faunus, descendant
de Saturne, oracle célèbre alors et que l'on venait inter-
roger de tous les points du Latium et de l'Italie : le roi
pénètre dans le bois sacré, dépose ses offrandes sur l'autel de Faunus, se couche dans l'ombre et le silence de
la nuit sur les peaux des brebis qu'il a immolées, et s'en-
dort ; bientôt il voit vaguement voltiger autour de lui
des fantômes étranges et il entend les voix de la forêt,
qui sont le langage du dieu. On prétendait que les oracles
de Faunus se rendaient encore par des incisions pratiquées sur l'écorce des arbres, sortes de bouches par
lesquelles s'échappaient les secrets divins.

A Préneste, c'étaient des bâtons de Chêne, marqués de
certains signes sacrés, qui étaient tirés au sort par les
consultants et transmettaient les réponses des dieux. Ces
bâtons avaient sans doute retenu quelque chose de
l'esprit de l'arbre duquel ils avaient été détachés. Ne
serons-nous pas tentés de voir en eux l'origine de ces
baguettes divinatoires, rameaux de Coudrier, d'Aune ou
de Hêtre, qui, au moyen âge, avaient la vertu de découvrir dans le sein de la terre les sources et les trésors ?

Caton nous apprend que, de son temps, la vénération
pour les bois sacrés était si grande qu'y abattre un
arbre était considéré comme un sacrilège qui ne pouvait
s'expier que par un sacrifice solennel. Beaucoup plus
tard, sous les empereurs, ce sentiment était encore vivace
dans les campagnes.

Les grandes forêts de la Gaule, de la Grande-Bretagne,
de la Germanie, ne frappèrent pas moins vivement
l'imagination des peuples qui habitaient ces contrées, et
ils en firent la demeure de leurs dieux. Les arbres, particulièrement les Chênes, étaient pour eux des êtres
animés et divins. Dans leurs cérémonies religieuses, qui
se célébraient au fond des forêts, les druides se cou-

ronnaient de feuilles de Chêne et récoltaient, comme emblème sacré, le gui toujours vert, enfant du Chêne. Les Gaulois aimaient à se faire enterrer à l'ombre des hautes futaies, dans la société des esprits sylvestres.

Lucain a dépeint avec énergie une forêt sacrée, située près de Marseille, et l'impression profonde qu'éprouvèrent les soldats romains en y entrant avec César pour la détruire. « C'était, dit-il, une antique forêt, jusqu'alors respectée par les siècles, enfermant sous la voûte de ses branches entrelacées un air obscur et une ombre glacée par l'éternelle absence du soleil. Là ne règnent ni les Faunes, ni les Sylvains, ni les Nymphes, divinités bocagères, mais les affreux autels d'une religion barbare, et chaque arbre a reçu l'aspersion du sang humain. On dit que l'oiseau craint de se poser sur ces branches, la bête fauve de se coucher dans ces halliers; que jamais le vent, jamais l'éclair jaillissant des nuées orageuses n'approchent de ces cimes : les arbres frémissent d'eux-mêmes. De nombreuses sources forment des ruisseaux d'une eau noire. Les mornes effigies des dieux sont des ébauches sans art, des troncs informes et grossièrement taillés. La mousse qui les couvre, leur vétusté livide inspirent l'effroi.... Les habitants n'osent fréquenter ce temple de leur culte; ils l'ont abandonné aux dieux. En plein jour comme au milieu de la nuit, le prêtre lui-même n'en approche pas sans pâlir : il a peur de surprendre le maître de ces sinistres demeures.... César donna l'ordre d'abattre la forêt, qui, voisine de ses travaux et épargnée dans la précédente guerre, dressait sa futaie altière et touffue au milieu des monts dépouillés d'alentour. Mais les plus braves sentirent trembler leur main. Troublés par la formidable majesté du lieu, ils croyaient que, s'ils frappaient ces Chênes sacrés, les haches repoussées reviendraient sur eux-mêmes. Alors César, voyant ses soldats terrifiés et immobiles, s'empare d'une de ces armes et en assène un coup violent sur un Chêne qui touchait aux nues. Le fer s'enfonce profondément dans l'arbre profané. « Maintenant, s'écrie-t-il, vous n'aurez plus peur. Si c'est un sacrilège, c'est moi qui l'ai commis. » Aussitôt l'armée entière obéit. Ormes, Yeuses, Chênes, Aunes amis des eaux, Cyprès, inclinèrent pour la première fois leurs têtes chevelues et livrèrent passage à la lumière du jour. Toute la forêt tomba; les arbres se soutenaient mutuellement dans leur chute. »

Au commencement du neuvième siècle, lorsque saint Bonaventure entreprit de convertir au christianisme les peuples de l'Allemagne, il rencontra pour adversaires les arbres sacrés, avec lesquels s'identifiaient Odin, Thor, Freyja, et qui menaçaient de perpétuer ces divinités en leur prêtant pendant des siècles encore leur propre vie. Il y avait particulièrement dans le pays des Hessois un grand Chêne qui était l'objet d'une vénération superstitieuse. D'après l'avis de quelques néophytes, Boniface résolut d'abattre ce Chêne. Tandis qu'armé d'une cognée, il frappait l'énorme tronc de coups redoublés, la foule païenne, groupée en cercle autour de lui, l'accablait de railleries, de défis et de malédictions. Enfin l'arbre sacré tomba. Mais on ne put croire qu'il se fût laissé vaincre sans une intervention miraculeuse. Le vent qui avait incliné sa cime et aidé à sa chute fut pris pour le souffle d'un dieu plus puissant, auquel la plupart des assistants se convertirent. Du reste, le Chêne de Thor ne dérogea pas; il reçut une destination pieuse: il servit à construire une chapelle dédiée à saint Pierre.

Les Germains avaient aussi leurs bâtons prophétiques semblables à ceux de Préneste; ils interrogeaient le chant des oiseaux, interprètes des bois, ainsi que les hennissements de chevaux sacrés, nourris dans les forêts.

Chez les peuples scandinaves, c'était le Frêne qui était l'arbre sacré par excellence. L'esprit du créateur du monde habitait en lui. Aussi le Serpent, symbole du mal, n'osait-il approcher de cet arbre. Les feuilles et le bois du Frêne passaient pour des préservatifs infaillibles contre ce reptile. Dans l'ouvrage d'Olaüs Magnus publié à Rome en 1555 (sur *L'histoire, les mœurs, les superstitions des peuples du Nord*), se trouve une curieuse gravure illustrant le chapitre qui traite du moyen d'éloigner les Serpents des enfants pendant le temps de la moisson : on y voit de petits enfants paisiblement endormis dans des berceaux suspendus aux branches de grands Frênes, tandis que leurs mères sont occupées à moissonner un champ de blé au-dessous d'eux.

Quand le christianisme fut établi en Europe, la Vierge et les saints héritèrent malgré eux des dieux du paganisme. Les arbres sacrés leur furent attribués par la piété naïve des habitants des campagnes, imbus des traditions de leurs ancêtres. Jeanne d'Arc, dans son enfance, allait suspendre des guirlandes de feuillage et de fleurs aux branches d'un Hêtre voisin de la chaumière de sa famille, et qui était, personne n'en doutait, le séjour des fées. Plus tard elle croyait voir l'image des deux saintes qu'elle invoquait lui apparaître dans la ramure des arbres du « Bois chesnu »; la voix de son âme, qui lui parlait tout bas, elle croyait l'entendre dans le murmure des feuilles agitées par le vent. Dans un des interrogatoires qu'on lui fit subir pendant son procès, on lui demanda si elle entendait encore ses voix : « Ah! je les ouïrais bien, s'écria-t-elle, si j'étais en quelque forêt! » Jeanne d'Arc, on l'a dit avec raison, était tout autant druidesse que chrétienne. Les paysans qui l'entouraient n'avaient pas d'autres idées qu'elle sur les relations des esprits célestes avec l'homme à travers la nature. Après la mort de Jeanne, on racontait que les bois aimaient et protégeaient la jeune bergère : « Quand elle gardait les brebis de ses parents, le loup jamais ne mangea ouaille de son troupeau. Lorsqu'elle était toute

Le Palmier-dattier.

petite, les oiseaux des bois venaient à son appel manger du pain dans son giron, comme privés. »

Les Ifs séculaires que nous voyons souvent plantés à droite et à gauche du portail des vieilles églises, dans nos villages, étaient autrefois l'objet d'une vénération religieuse, et c'est à ce sentiment qu'ils doivent d'avoir été épargnés. Dans le cloître de Vertou, en Bretagne, il y avait un If magnifique, né, disait-on, du bâton de saint Martin, premier abbé de ce monastère. Les princes bretons priaient toujours sous son ombrage avant d'entrer dans l'église. Personne n'osait en arracher une feuille; ses branches avaient beau se couvrir tous les ans d'une multitude de baies écarlates : les oiseaux eux-mêmes les respectaient. Un jour des pirates normands se montrèrent moins scrupuleux, deux d'entre eux grimpèrent sur l'If de saint Martin pour y couper des branches afin de se faire des arcs. L'un et l'autre furent précipités du haut de l'arbre, et tués sur le coup.

Les mêmes croyances régnèrent longtemps en Irlande et en Angleterre. Lorsque le Chêne consacré à saint Colomban, à Kenmare, fut renversé par un orage, personne ne se permit d'y toucher; on eût cru le profaner en l'employant à des usages vulgaires. Seul un tanneur s'enhardit; il enleva une partie de l'écorce pour tanner son cuir, et de ce cuir il se fit des souliers. Le jour même où il les mit pour la première fois, il fut atteint de la lèpre, dont il ne guérit jamais. On ne douta pas que ce ne fût la punition de l'injure faite à l'arbre du saint. A Norwood, dans le sud de l'Angleterre, — c'était vers 1650, — il y avait un Chêne vénéré sur lequel poussait du gui. Des paysans, à plusieurs reprises, coupèrent des rameaux de ce gui pour les vendre à un pharmacien de Londres. Peu de temps après, ils devinrent l'un boiteux, les autres borgnes. Quelques années plus tard, un bûcheron, quoique n'ignorant pas ce qui était arrivé, se chargea d'abattre le Chêne. Il eut, lui aussi, à se repentir de son irrévérence : il se cassa la jambe. Dans le comté de Kent, à Eastwell, le comte de Winchelsea fit raser une antique futaie de Chênes, voisine de son château. Pour décider ses ouvriers, il dut, comme César, donner l'exemple et prendre lui-même la cognée. Bientôt après, la comtesse fut trouvée morte dans son lit, et son fils, lord Maidstone, périt, tué en mer par un boulet de canon. C'était la forêt, ou plutôt c'étaient les génies de la forêt qui s'étaient vengés [1].

Aujourd'hui encore, dans nos campagnes, il n'est pas rare de voir, sur le bord d'une route ou à l'angle d'un bois, un vieil arbre à la cime brisée, dont le tronc est décoré d'une statuette de la Vierge; des bouquets y sont suspendus ou déposés au pied. Les ouvriers des champs, surtout les femmes, en passant devant, font le signe de la croix; le dimanche, elles s'y rendent exprès, s'y arrêtent, se mettent à genoux et adressent leurs prières à sainte Marie du Chêne, à sainte Marie du Tilleul, à sainte Marie du Mélèze ou du Sapin. En Allemagne et en Russie, il y a des villages où il ne se trouvera pas un paysan pour abattre tel arbre centenaire, creux, mutilé, plus qu'à demi mort. Ou si quelqu'un s'y décide, on le verra, avant de porter le premier coup de cognée, s'agenouiller devant lui, les mains jointes, la tête nue, comme pour lui demander pardon et se recommander à sa clémence. Souvent il se contentera de couper le tronc, épargnant la souche et les racines, afin qu'elles puissent produire des rejetons : de cette façon, il ne lui aura pas tout à fait ôté la vie, et il aura mis sa conscience en repos.

L'origine du culte des arbres se perd dans les ténèbres des temps préhistoriques. Dès qu'on possède quelques documents figurés ou écrits, on y trouve la trace de ce culte. L'arbre sacré, symbole de la vie divine, c'est-à-dire de la vie

---

1. *Les arbres et les fleurs chez les Païens et chez les Chrétiens* (*Revue Britannique*, 1864).

L'arbre de Bouddha.

sereine, bienfaisante, éternelle, est représenté dans les plus anciennes sculptures égyptiennes et assyriennes ; les adorateurs des dieux en tiennent à la main les fruits, qui doivent leur communiquer la force et la sagesse d'en haut. Cet arbre était le Palmier-dattier, le bienfaiteur de l'Orient ; le Pin, ou le Cèdre, lui était quelquefois substitué en Assyrie, et sa force, sa majesté lui donnait des titres à cet honneur. Les Juifs et les Arabes mettaient aussi le Palmier au-dessus de tous les autres arbres ; ils disaient qu'il avait été créé dans le Paradis terrestre du même limon qu'Adam, et ils lui accordaient la connaissance du présent et celle de l'avenir : cet arbre privilégié prophétisait par ses feuilles, qu'on voyait remuer bien qu'il n'y eût aucun souffle de vent ; Abraham, au dire des rabbins, comprenait ce langage des Palmiers. Le Figuier (*Ficus religiosa*) joue le même rôle chez les Hindous. Brahma, en nommant les divers rois des animaux et des végétaux, qui étaient les agents de la conservation du monde, l'avait désigné pour être le souverain des arbres. Ce végétal extraordinaire, dont les nombreux rameaux se replantent dans le sol, de façon qu'un seul pied arrive à former tout une forêt, est considéré comme le symbole de l'intelligence. Le bouddhisme est resté fidèle à cette croyance. Il professe une véritable vénération pour la forêt, qui, toujours paisible, toujours écoutant et méditant, apprend tous les mystères. Bouddha est resté sept ans, plongé dans ses sublimes pensées, sous l'arbre Bodhi, en qui s'est personnifiée la sagesse. C'est à l'ombre de cet arbre, qui a le don des miracles, que les disciples de Çakya-Mouni peuvent acquérir la connaissance de la vérité suprême. Chardin rapporte que les Persans ont des arbres sacrés, auxquels ils donnent le nom « d'arbres excellents ». Ce sont généralement des Platanes ou des Cyprès. On les couvre de clous, d'ex-voto, d'amulettes ; on brûle à leur pied de l'encens ou des cierges pour obtenir la guérison des malades, l'accomplissement de ses vœux.

On vient se coucher et dormir sous leur ombrage dans l'espoir de goûter en songe les félicités des bienheureux.

Cette ancienne et universelle dévotion à l'égard des arbres, qui subsiste encore chez les populations peu éclairées (chacun sait que les sources, les fleuves, certains animaux en ont été aussi l'objet), trouve son explication dans la nature humaine. Est-il surprenant que des hommes naïfs, privés de l'appui d'une ferme raison, livrés à leur imagination et à leur cœur, cherchent parmi les êtres qui les entourent, surtout parmi ceux qui leur semblent beaux, doux, bienfaisants, des amis et des protecteurs ; qu'ignorants, souvent malheureux, frappés ou menacés de toutes parts, ils leur demandent une inspiration dans leurs doutes, une aide dans leur faiblesse, une consolation dans leurs peines ? N'y a-t-il pas des heures de détresse où les plus raisonnables d'entre nous se troublent, tendent des mains suppliantes, cherchent à tâtons en haut, en bas, partout, une autre main plus forte et secourable, invoquent, implorent toute la nature, Dieu et tous les dieux ?

Un de nos poètes contemporains, dont l'inspiration a ce caractère particulier d'avoir toujours été puisée aux sources les plus hautes, M. de Laprade, épris de pureté et de paix, séduit par la tranquillité et par l'innocence du monde végétal, a presque divinisé, lui aussi, les plantes ; il a donné une âme aux arbres, une âme puissante et calme qu'il admire, qu'il envie, et contre laquelle il échangerait volontiers sa vie d'homme, sujette aux troubles et aux luttes des passions. Dans ses beaux vers : *A un grand arbre*, il dit :

L'esprit calme des dieux habite dans les plantes.
Heureux est le grand arbre aux feuillages épais !
Dans son corps large et sain la sève coule en paix,
Mais le sang se consume en nos veines brûlantes.

.... Salut, toi qu'en naissant l'homme aurait adoré !
Notre âge, qui se rue aux luttes convulsives,
Te voyant immobile, a douté que tu vives,
Et ne reconnaît plus en toi d'hôte sacré.

Ah ! moi, je sens qu'une âme est là sous ton écorce.
Tu n'as pas nos transports et nos désirs de feu :
Mais tu rêves, profond et serein comme un dieu.
Ton immobilité repose sur ta force.

Salut ! Un charme agit et s'échange entre nous.
Arbre, je suis peu fier de l'humaine nature.
Un esprit revêtu d'écorce et de verdure
Me semble aussi puissant que le nôtre et plus doux.

La science a porté sa lumière sous l'écorce des Chênes ;
elle nous y fait voir des fibres, des vaisseaux, de la sève
qui circule sous l'empire de lois physiques, mais nulle
trace d'un dieu. Toutefois la vie qui anime l'arbre, qui
détermine sa stature, sa forme, sa durée, reste un mys-
tère, c'est-à-dire un abîme où l'imagination peut se
donner librement carrière, et en voyant tomber une
belle futaie sous la hache du bûcheron, il se trouvera
toujours un rêveur pour dire avec un chagrin mêlé de
dépit, comme le poète que nous avons déjà cité.

Prends ton vol, ô mon cœur ! La terre n'a plus d'ombres,
Et les oiseaux du ciel, les rêves infinis,
Les blanches visions qui cherchent les lieux sombres,
Bientôt n'auront plus d'arbre où déposer leurs nids.

La terre se dépouille et perd ses sanctuaires ;
On chasse du vallon ses hôtes merveilleux.
Les dieux aimaient des bois les temples séculaires :
La hache a fait tomber les Chênes et les dieux[1].

1. Dans *la Mort d'un Chêne*. Lire les trois pièces qui composent
le *Poème de l'Arbre*, et aussi le poème d'*Hermia*.

CHAPITRE XV

Les bois ne sont plus le séjour des dieux ; ils sont encore et seront toujours un refuge où l'homme fatigué du train de ce monde, blessé dans les luttes de la vie sociale, est heureux de trouver la solitude et le silence, la possession de soi-même, l'intimité avec une nature inoffensive, discrète et charmante, qui soulage son âme et enchante ses yeux.

La campagne proprement dite ne saurait nous être d'un égal secours. Elle est trop ouverte ; on ne s'y sent pas accueilli, abrité. Les cultures qui couvrent les champs nous parlent encore des travaux, des efforts et des peines de l'homme, non d'indépendance et de repos. Les paradis que les divers peuples ont conçus pour y placer leur bonheur passé ou futur sont tous des bois ou des bocages. Les arbres n'en sont pas seulement le décor nécessaire ; ce sont eux qui en font une retraite, un asile. Il semble que, sans eux, les âmes ne pourraient se promettre d'y rencontrer leur dieu, ni de jouir d'elles-mêmes. Ils sont la condition indispensable du recueillement et de la paix.

L'amour des bois est un sentiment universel; il n'a pas été inconnu des anciens, même de ces Romains que l'on se représente comme toujours plongés dans la mêlée des affaires civiles ou guerrières. Cicéron, réfugié loin du tumulte de Rome dans une de ses villas, écrit à Atticus avec un soupir de délivrance : « Ici je suis libre, personne ne me dérange. Je vais dès le matin me cacher dans un bois épais et sauvage et je n'en sors pas avant le soir. Je n'ai de commerce qu'avec moi-même et avec les lettres. » C'est là qu'oubliant les débats poignants de la tribune, les âcres ivresses et les blessures cuisantes de l'amour-propre, il s'élevait dans les sereines régions de la philosophie et méditait sur la divinité, sur l'immortalité de l'âme, sur les devoirs des hommes, les douceurs et les obligations de l'amitié, les loisirs noblement occupés d'une heureuse vieillesse.

Virgile est par excellence, dans l'antiquité, le poète ami des bois et des arbres. Lui seul peut-être est un esprit contemplatif, un rêveur. Dans ses *Bucoliques* et ses *Géorgiques*, ses poèmes favoris, ceux où il a le plus mis de lui-même, il nous parle à chaque page de ses arbres bien-aimés, qu'il connaît comme un botaniste, qu'il prend plaisir à nommer et à dépeindre : ce ne sont que Cytises en fleur, Saules au feuillage pâle, Hêtres touffus à l'ombrage opaque, Cyprès élancés sur lesquels roucoulent d'une voix rauque les Ramiers, Ormes à la cime aérienne où gémissent les Tourterelles. C'est lui-même qui parle lorsqu'il fait dire à ses bergers imaginaires : « *Nobis placeant ante omnia silvæ;* nous autres, aimons par-dessus tout les bois. » Tityre, Ménalque, Corydon, ces pasteurs qui passent leur vie couchés sur le gazon au pied des arbres, plus occupés de la contemplation du paysage et de leurs joutes poétiques que du soin de leurs troupeaux, c'est Virgile lui-même. — Heureux les habitants des campagnes! s'écrie-t-il; ils ignorent les discordes civiles, les palais des grands qu'envahit la cohue des courtisans; ils mènent une vie innocente et tranquille; ils ont les vrais biens, les seuls qui ne trompent pas, les vastes horizons, les doux sommeils à l'ombre des arbres, les grottes, les halliers des bois, retraite des bêtes sauvages. Pour lui, le bien suprême, c'est la poésie, la poésie consacrée à révéler les secrets et les beautés de la nature; mais si l'inspiration l'abandonne, si son génie tarit, du moins cette nature qu'il ne chantera plus, il l'aimera toujours; il lui restera la vue des campagnes, des rivières, des forêts, et il sera heureux sans gloire. Oh! qu'on l'emporte sans tarder dans les vallons solitaires! Qu'on étende sur sa tête le frais abri des vastes ramures!

Horace n'éprouve pas les mêmes transports. Cependant il aime la campagne; il soupire après elle; il ne se plaît, dit-il, qu'au bord des ruisseaux, parmi les rochers tapissés de mousse, au fond des forêts. Il reproche à ses amis de préférer l'eau trouble qui use le plomb de ses canaux dans les carrefours de Rome à l'onde limpide qui court en murmurant sur la pente de la colline; il vante son modeste domaine de la Sabine; son jardin, son champ, son petit bois (*paulum silvæ*) comblent tous ses vœux; là plus de solliciteurs ni de fâcheux; là il est libre, il s'appartient, il se sent roi! Il se pourrait cependant que l'auteur des *Satires* finît par trouver les heures longues dans son cher ermitage, si ses amis, le prenant au mot, l'y laissaient seul, si d'aimables compagnons ne venaient de temps en temps s'asseoir à sa table rustique et animer de leurs causeries le silence de ses bosquets. Horace est l'ancêtre des Parisiens de nos jours, que l'amour de la solitude et des forêts entraine jusqu'à leurs tonnelles de Meudon et de Montmorency, d'où ils aperçoivent les toits et les fumées de la grande ville.

Aux yeux du chrétien, la nature n'existe pas par elle-même; elle est avant tout l'œuvre de Dieu, une manifestation de sa puissance. C'est à ce point de vue qu'il la regarde; comme Job, comme le Psalmiste, c'est l'empreinte de la main du Créateur qu'il admire en elle. S'il se retire au désert, il demande à la montagne, à la forêt, au fleuve, non pas tant de le charmer, que de lui montrer l'Être invisible qui les a formés, et aussi de mettre une barrière entre lui et le monde. Pour lui, la mer est un abîme qui protège son isolement; les rochers, les bois sont les murailles de la forteresse où il s'enferme avec son âme et avec Dieu.

Saint Basile, dans une lettre à Grégoire de Nazianze, lui apprend qu'il est allé dans le Pont chercher la vie solitaire qui lui convient : Dieu lui a fait trouver un asile conforme à ses goûts; c'est une haute montagne, enveloppée d'une épaisse forêt, arrosée par des sources fraîches et limpides; la forêt, qui étend tout autour ses arbres de toute espèce, lui sert « de mur et de défense ». Le lieu est charmant; l'île de Calypso elle-même ne saurait lui être comparée. Il est isolé entre deux vallées profondes; d'un côté, le fleuve Iris, qui se précipite de la crête du mont, forme par son cours « une barrière continue et difficile à franchir »; de l'autre une croupe de montagne, qui ne communique avec la vallée que par des chemins escarpés et tortueux, « ferme tout passage ». Sa demeure est bâtie sur une pointe avancée de la montagne; de là, il aperçoit au-dessous de lui l'Iris, rapide comme un torrent, et qui va se heurter contre une roche sur laquelle il se brise et d'où il retombe en cascade. Parlera-t-il des vapeurs qui flottent sur la vallée, de la variété des fleurs et du chant des oiseaux? Un autre les admirerait, mais lui, il n'a pas « le loisir d'y faire attention ». Le seul éloge qu'il veuille faire de ce site, c'est qu'il y trouve le bien le plus nécessaire pour lui, la solitude.

Grégoire de Nazianze, lui aussi, s'est retiré du monde;

il n'est plus évêque; il a quitté Constantinople, la cour, les conciles; il est à la campagne, où il cultive un petit jardin, et là, seul avec lui-même, il médite sur la nature et la destinée de son âme. « Hier, dit-il dans une de ses poésies, véritables méditations religieuses, j'étais assis sous l'ombrage d'un bois épais, seul et dévorant mon cœur; car, dans la douleur, j'aime cette consolation de s'entretenir en silence avec son âme. Les brises de l'air, mêlées à la voix des oiseaux, qui chantaient réjouis par la lumière, versaient un doux sommeil du haut de la cime des arbres. Les cigales, cachées dans l'herbe, faisaient résonner tout le bois; une eau limpide coulait à mes pieds, serpentant doucement à travers la forêt rafraîchie. Mais moi, je restais occupé de mon chagrin et je n'avais nul souci de ces choses. Dans la tourmente de mon cœur agité, je laissais échapper ces mots : « Qu'ai-je été? Que suis-je? Que deviendrai-je? Mon âme, quelle es-tu? D'où viens-tu? Qui t'a chargée de porter un cadavre? Quel pouvoir t'a liée des chaînes de cette vie? Souffle léger, libre esprit, comment es-tu mêlée à la matière, unie à un corps de chair? »

Le sentiment de la nature naquit tard en France si, l'on en croit ses poètes : la raillerie, le badinage, l'amour ou plutôt les amours légères et sans sincérité furent longtemps l'unique et pauvre sujet de leurs rimes. Ronsard, le premier, aperçut et aima les bois; il les fréquentait; il gémissait quand il voyait la hache du bûcheron saper la forêt, « haute maison des oiseaux bocagers »; il demanda, comme Alfred de Musset, qu'après sa mort on plantât un arbre sur sa tombe et qu'on y laissât croître le lierre et le gazon : peut-être eût-il occupé une des premières places parmi les chantres de la nature, si un souvenir trop fidèle des poètes grecs et latins, si trop de mythologie ne se fût interposé entre lui et elle. Les fantômes de Nymphes, de Faunes, de Sylvains, qu'il s'efforça de ressusciter, l'empêchèrent de voir les arbres tels qu'ils sont, lui en masquèrent la vraie beauté.

Les poètes du dix-septième siècle, tout occupés de l'homme, de ses passions ou de ses travers, n'attendant le succès de leurs vers, la gloire de leur nom, que du suffrage d'une ville ou plutôt d'une cour, ne se tournèrent pas du côté de la nature. Ils ne virent et n'admirèrent jamais que des jardins, ceux de Versailles et de Marly, sorte d'architecture végétale avec des salons, des cabinets, des portiques, des murailles de verdure, meublés de statues et de vases de marbre et de bronze, presque aussi nombreux que les arbres. S'il y a des forêts, des vallons, des eaux vives, des rochers, c'est par Homère et par Virgile qu'ils l'apprirent et, quand ils voulurent en parler, ils traduisirent, non pas la nature, qu'ils ne connaissaient pas, mais Virgile et Homère. La Fontaine lui-même fait à peine exception. Comme sa « comédie à cent actes divers » a pour personnages des animaux, il a dû placer la scène au milieu des champs, des prés, au bord d'une rivière, parmi les roseaux d'un marais, et il a dessiné ce décor d'un trait bref, juste et charmant; mais le principal intérêt du spectacle réside dans le drame même, dans les sentiments et dans le langage des acteurs sous le déguisement desquels nous prenons plaisir à nous reconnaître.

Si nous trouvons quelque part l'expression franche et vive du sentiment de la nature, c'est chez une femme, chez une dame du grand monde, une « précieuse »; c'est chez Mme de Sévigné. Passant souvent de longs mois, même en hiver, dans sa terre des Rochers, elle était éprise de son parc, planté de vieux arbres et coupé de nombreuses allées. Elle ne trouvait rien de si beau que ces allées; elle leur avait donné des noms : c'étaient la Solitaire, « si belle et si bien plantée »; l'Infinie, « allée courbe dont on ne voit pas l'extrémité »; la Sainte Horreur « toute sombre »; le Mail, « où règne un silence, une solitude, une tranquillité » qu'elle ne croit pas qu'on rencontrerait ailleurs. Elle se plaisait à causer avec son jardinier Pilois ; il était, disait-elle, son favori, et elle préférait sa conversation « à celle de plusieurs qui ont conservé le titre de chevaliers au parlement de Rennes ». Elle faisait dans son parc de longues promenades ; elle y passait des journées entières, ne se décidant pas à rentrer que « la nuit ne se fût bien déclarée ». Si des visiteurs importuns survenaient, elle se cachait dans les massifs pour leur échapper. Son grand plaisir était de faire des plantations ; elle les surveillait et y mettait elle-même la main ; elle traversait le matin les gazons humides et se trempait de rosée jusqu'à mi-jambe pour prendre des alignements ; elle entrait dans la terre fraîchement remuée pour tenir les jeunes arbres, tandis que les ouvriers les plantaient ; il fallait qu'il plût à verse pour qu'elle consentît à quitter la place. Elle observait tous les changements que les saisons apportaient au feuillage de ses arbres. La venue du printemps la ravissait ; elle l'annonçait et la décrivait à sa fille comme un événement. « Si vous avez envie de savoir en détail ce que c'est qu'un printemps, lui dit-elle, il faut venir à moi. Je n'en connaissais moi-même que la superficie ; j'en examine cette année jusqu'aux petits commencements. Que pensez-vous donc que soit la couleur des arbres depuis huit jours ? Répondez. Vous allez dire : « Du vert. » Pas du tout, c'est du rouge. Ce sont de petits boutons, tout prêts à partir, qui font du vrai rouge ; et puis ils poussent tous une petite feuille, et comme c'est inégalement, cela fait un mélange trop joli de vert et de rouge. Nous couvons tout cela des yeux, nous parions de grosses sommes (mais c'est à ne jamais payer) que ce bout d'allée sera tout vert avant deux heures ; on dit non, on parie. Les Charmes ont leur manière, les Hêtres une autre. Enfin je sais sur cela tout ce que l'on peut savoir. » L'automne n'avait pas moins d'attrait pour elle ;

si elle se trouvait à Paris, elle courait à sa campagne de
Livry pour le voir, pour « dire adieu aux feuilles », qui,
« au lieu d'être vertes, sont aurore et de tant de sortes
d'aurore que cela compose un brocard d'or riche et
magnifique ».

Mais c'est au dix-huitième siècle que l'amour de la
nature tout à coup fait explosion dans l'âme humaine. Il
éclate au même moment, exalté jusqu'à l'ivresse, jusqu'à l'extase, en France chez Jean-Jacques Rousseau, en
Allemagne chez Gœthe. Ce dernier nous montre Werther,
c'est-à-dire lui-même, couché dans les hautes herbes
de la forêt, observant les mille petites plantes du sol,
le tourbillonnement de tout un monde d'insectes parmi
la mousse et le gazon, et se sentant emporté, bercé
dans une joie infinie par le souffle de l'amour éternel.
Plus tard, quand la passion a troublé la tranquillité
de son âme, il regrette le temps où la nature versait
dans son sein des torrents de bonheur; où l'intime,
ardente et sainte vie de la création palpitait dans
son cœur enflammé. « Ah! que de fois alors, s'écrie-
t-il, je désirai, avec les ailes de la grue qui passait
au-dessus de ma tête, m'envoler vers la mer immense,
pour boire, à la coupe écumante de l'infini, ces ra-
vissantes délices et sentir, ne fût-ce qu'un moment,
dans l'espace étroit de mon sein, une goutte de la
félicité de l'Être qui engendre toutes choses en lui et
par lui! »

L'enthousiasme de Rousseau n'est pas moins vif; peut-
être chez lui l'absorption de l'homme dans la nature est-
elle moins complète; il conserve davantage la conscience
de lui-même, et sa jouissance n'en est que plus profondément et plus longuement savourée. Nulle part il n'exprime
mieux cette jouissance que dans son admirable lettre
écrite de Montmorency à M. de Malesherbes : « Quels
temps croiriez-vous, dit-il, que je me rappelle le plus souvent et le plus volontiers dans mes rêves? Ce ne sont pas

les plaisirs de ma jeunesse; ils furent trop rares, trop
mêlés d'amertume, et sont déjà trop loin de moi. Ce sont
ceux de ma retraite, ce sont mes promenades solitaires,
ce sont ces jours rapides, mais délicieux, que j'ai passés
tout entiers avec moi seul,... avec les oiseaux de la campagne et les biches de la forêt, avec la nature entière et
son inconcevable auteur. En me levant avant le soleil
pour aller contempler son lever dans mon jardin, quand
je voyais commencer une belle journée, mon premier
souhait était que ni lettres, ni visites n'en vinssent trou-
bler le charme.... Je me hâtais de dîner pour échapper
aux importuns, et me ménager une plus longue après-
midi. Avant une heure, même les jours les plus ardents, je
partais par le grand soleil, pressant le pas dans la crainte
que quelqu'un ne vînt s'emparer de moi avant que j'eusse
pu m'esquiver; mais quand une fois j'avais pu doubler
un certain coin, avec quel battement de cœur, avec quel
pétillement de joie je commençais à respirer en me sentant sauvé, en me disant : « Me voilà maître de moi pour le
reste de ce jour! » J'allais alors d'un pas plus tranquille
chercher quelque lieu sauvage dans la forêt,... quelque
asile où je pusse croire avoir pénétré le premier, et où
nul tiers importun ne vînt s'interposer entre la nature
et moi. C'était là qu'elle semblait déployer à mes yeux
une magnificence toujours nouvelle. L'or des genêts et
la pourpre des bruyères frappaient mes yeux d'un luxe
qui touchait mon cœur; la majesté des arbres qui me
couvraient de leur ombre, la délicatesse des arbustes qui
m'environnaient, l'étonnante variété des herbes et des
fleurs que je foulais sous mes pieds, tenaient mon esprit
dans une alternative continuelle d'observation et d'admiration.

« .... Bientôt, de la surface de la terre, j'élevais mes idées
à tous les êtres de la nature, au système universel des
choses, à l'être incompréhensible qui embrasse tout.
Alors, l'esprit perdu dans cette immensité, je ne pensais

pas, je ne raisonnais pas, je ne philosophais pas ; je me sentais, avec une sorte de volupté, accablé du poids de cet univers ; je me livrais avec ravissement à la confusion de ces grandes idées, j'aimais à me perdre en imagination dans l'espace, mon cœur resserré dans les bornes des êtres s'y trouvait trop à l'étroit, j'étouffais dans l'univers, j'aurais voulu m'élancer dans l'infini. Je crois que si j'eusse dévoilé tous les mystères de la nature, je me serais senti dans une situation moins délicieuse que cette étourdissante extase à laquelle mon esprit se livrait sans retenue et qui, dans l'agitation de mes transports, me faisait m'écrier quelquefois : « O grand Être ! ô grand Être ! » sans pouvoir dire ni penser rien de plus.

« Ainsi s'écoulaient dans un délire continuel les journées les plus charmantes que jamais créature humaine ait passées ; et quand le coucher du soleil me faisait songer à la retraite, étonné de la rapidité du temps, je croyais n'avoir pas assez mis à profit ma journée, et je pensais en pouvoir jouir davantage encore et, pour réparer le temps perdu, je me disais : Je reviendrai demain. »

Depuis Rousseau, le sentiment de la nature ne s'est pas éteint parmi nous. Châteaubriand lui doit la meilleure partie de son inspiration, la plus durable, la seule durable peut-être, de sa gloire. Lamartine lui est redevable de presque tout son génie. On a dit que tous deux relevaient de Rousseau, de Bernardin de Saint-Pierre ; c'est à tort, ils ne relèvent que d'eux-mêmes. Nul n'a besoin d'un maître pour apprendre à aimer la nature. Que le cœur de l'homme se trouve directement en contact avec elle, et il s'émeut spontanément. De plus en plus nous recherchons ce contact bienfaisant. Nos villes sortent de leur enceinte, vont s'éparpillant dans les campagnes environnantes, et c'est surtout du côté des bois que nos cottages se portent ; ils y entrent, s'ils peuvent. Chacun voudrait avoir un coin de forêt, ne serait-ce qu'un arbre forestier, dans son jardin, d'où l'imitation, en miniature s'il le faut, du paysage naturel a chassé les marbres et les bronzes d'autrefois. Le printemps est encore à venir, et c'est déjà un continuel pèlerinage vers nos vieilles gloires forestières, Fontainebleau, Compiègne, où les patriarches des futaies ont chacun leur illustration personnelle.

La forêt mérite qu'on la recherche, qu'on veuille vivre auprès d'elle. Les deux autres grands aspects de la nature, plus frappants au premier abord, la mer et la montagne, ne sauraient lui être préférés. Nous allons les visiter, les admirer, mais nous ne nous sentons pas gagnés par un charme croissant qui ne nous laisse plus partir. La mer, dont l'infini n'a pour limites qu'un autre infini, celui du ciel, après nous avoir émerveillés, nous domine, nous surmonte; elle nous absorbe dans son immensité; son mouvement et son bruit perpétuels étourdissent nos sens, assoupissent en nous la pensée; elle ne permet pas à des êtres aussi chétifs de subsister à côté d'elle; d'ailleurs, capricieuse et violente, à tout moment elle nous chasse par ses tempêtes, par ses vents déchaînés. La montagne, tout d'abord, nous frappe d'étonnement, nous exalte; mais bientôt elle nous oppresse par sa masse et nous attriste; quoique immobile, elle représente à nos yeux une convulsion de la nature et nous trouble comme une menace; si nous demeurons à sa base, elle nous cache le ciel, elle nous retranche l'espace, l'air, la lumière du jour; si nous montons au sommet, elle nous détache absolument de la terre, elle nous suspend et nous perd dans le vide.

La forêt se proportionne bien mieux à l'homme. Elle répond à tous nos désirs; elle remplit toute notre attente, et elle la dépasse. Ses arbres dominent d'assez haut notre taille pour nous donner le saisissant spectacle de la grandeur et de la majesté. Elle ne nous refuse pas non plus le sentiment de l'infini. Plongeons nos yeux dans les profondeurs de la futaie : entre les troncs d'arbres les plus rapprochés de nous d'autres troncs apparaissent, et entre ceux-ci d'autres encore ; un seul pas, le moindre mouvement nous ouvre de nouvelles perspectives, où, derrière les colonnades de fûts, s'enfoncent des colonnades plus lointaines ; les limites mobiles qui nous entourent changent sans cesse, reculent de tous côtés, fuient sans fin, et nous donnent, autant que les plus vastes espaces, la sensation de l'illimité.

Est-ce nous-mêmes que nous sommes venus chercher au sein de la forêt ? Elle resserre sur nous ses draperies de feuillage, ses lambris de verdure, et aucune cellule de chartreux ne nous assurerait plus de silence et de paix, ne nous replierait davantage sur nous-mêmes, que tel sentier percé dans l'épaisseur de la feuillée, que tel réduit enfoui sous l'ombrage compact d'un Charme ou d'un Hêtre. Le bruissement léger des rameaux qui nous environnent, quand un souffle de l'air les remue mollement, le bourdonnement d'un insecte ailé qui passe, le chant soudain d'un oiseau perché sur l'arbre qui nous abrite, le parfum intense et salubre, formé de mille aromes confondus, qui se dégage de tous ces abîmes de végétation, ne seront pas pour nous une distraction importune ; ils seront plutôt l'accompagnement discret et délicieux de nos pensées.

La forêt ne risque pas de nous lasser par l'uniformité de son aspect ; elle change continuellement ; elle change quatre fois par an, avec les saisons. C'est comme un flux et un reflux de la végétation, qui rappelle celui de l'Océan. Le flot végétal naît, grandit, se gonfle, envahit tout, reste stationnaire dans sa plénitude, puis décroît, se retire peu à peu et disparait, mais ne disparait que pour revenir. Ce mouvement de va-et-vient se produit périodiquement, éternellement. Le moment où il commence, c'est-à-dire le printemps, est d'un charme inexprimable. Les contrées tropicales, qui ne le connaissent pas, peuvent nous l'envier. On assiste à l'éclosion d'un monde nouveau. Le feuillage paraît d'abord sur les buissons, non loin de la terre, puis il grimpe çà et là sur quelques arbres, d'où il saute de cime en cime, faisant de jour en jour, d'heure en heure, de nouvelles conquêtes, jusqu'à ce qu'il enveloppe tout le dôme de la forêt; il est bariolé des teintes les plus diverses : ici c'est un vert tendre, là du jaune verdâtre, ailleurs du jaune pur, ailleurs du carmin; mais toutes ces nuances se fondent bientôt les unes dans les autres et deviennent un vert éclatant. Sur le sol, couvert d'une couche de feuilles mortes, surgissent des tapis de fleurs : les Pervenches, les Anémones, les Jacinthes, les Primevères, les Violettes, le Muguet y font en même temps ou successivement des taches bleues, jaunes, violettes, blanches, sur un fond vert de mousse et de gazon. Cependant tous les oiseaux, ceux qui sont revenus de leur exil d'hiver et ceux qui ne sont pas partis, chantent à la fois ; Grives, Merles, Coucous, Loriots, Rossignols, Fauvettes, Pinsons, Troglodytes, tous rivalisent d'ardeur; « ils semblent viser à ces effets d'orchestre où tous les instruments se confondent en une masse d'harmonie[1]. » De toutes parts les couleurs, les parfums, les brises tièdes, les chansons assaillent tous nos sens comme pour nous communiquer la joie dont la nature est pleine.

Ensuite vient l'été ; la végétation déploie toute sa puissance; ce n'est plus le règne des bourgeons et des fleurs, c'est celui des épais massifs de verdure, des lourdes voûtes de feuillage, des vastes ombrages opaques. Un vert intense, vigoureux, domine partout. Sauf le Pic vert, qui égrène dans sa fuite sa gamme de cris perçants, les oiseaux se taisent ; la parole est aux insectes qui fourmillent sur le sol, sur les écorces, qui tourbil-

1. Maurice de Guérin.

La forêt en été.

lonnent dans l'air, et dont le bourdonnement, rumeur confuse et continue, remplit toute la forêt.

A l'été, qui a dépensé en prodigue les torrents de sève légués par le printemps, succède l'automne, la plus touchante des saisons, parce qu'elle est le dernier épanouissement de la vie végétale, qui va s'éteindre. Le feuillage, comme pour nous laisser plus de regrets de sa perte, se pare de couleurs magnifiques, qui semblent ne lui être pas naturelles et avoir été empruntées aux métaux ou à la palette d'un peintre : les teintes de l'or jaune et de l'or rouge, du cuivre bronzé par le feu, le vermillon, l'ocre, le brun, mêlés à des restes de vert, tachent de bigarrures variées le large dos de la forêt ; tout cet éclat fait penser aux splendeurs d'un beau coucher de soleil ; on dirait que la végétation, comme l'astre du jour obligé de céder la place à la nuit, veut du moins mourir dans une glorieuse apothéose. Puis toute cette parure tombe, les squelettes dépouillés et noirs des arbres apparaissent, et c'est l'hiver.

Mais il ne faut pas croire que l'hiver fasse perdre à la forêt toute espèce de beauté. Ces arbres dénudés, dont l'aspect nous attriste d'abord, offrent à qui sait les regarder un intérêt nouveau ; ils nous laissent voir leurs formes, que leur ample vêtement de feuillage cachait à nos yeux ; chacun d'eux se dégage de ses voisins, avec lesquels il se confondait, et reprend sa physionomie propre. Le Chêne, à l'écorce brune et rugueuse, montre sa robuste ramure, ses grands bras noueux, tordus, brusquement coudés, comme si, de peur de s'affaiblir, il ne les étendait qu'avec précaution et en les repliant : nul voisin ne tentera de disputer la place à ce lutteur, à ce souverain de la forêt. Le Hêtre étale majestueusement dans tous les sens la vaste envergure de son branchage divisé, subdivisé à l'infini ; il semble jaloux d'occuper le plus d'espace possible et de remplir le plus possible l'espace qu'il occupe ; on voit sans obstacle la jolie écorce d'un gris clair, lisse, soyeuse, qui serre son tronc puissant, à la fois replet et musclé comme un corps d'athlète au repos. Le Frêne s'élance hardiment en gerbe et sa haute cime s'épanouit dans les airs comme un éventail. Çà et là le Bouleau, moins noble mais plus gracieux, dresse sa mince colonne d'argent; ses rameaux fins et souples, retombant de tous côtés, forment un léger panache, une chevelure flottante que balance le moindre vent. Toutes ces ramures diverses composent un réseau compliqué qui se détache en noir sur le fond blanchâtre de l'espace avec la netteté d'une découpure; à travers les mailles, tantôt larges et irrégulières comme celles d'une riche guipure, tantôt fines et serrées comme la plus délicate dentelle, on aperçoit le bleu tendre du ciel, si le temps est clair, et vers le soir, du côté du soleil couchant, l'horizon embrasé comme par un in cendie. Ce sont là des spectacles à faire aimer l'hiver.

La beauté d'un pays — et les arbres en sont le principal élément — importe plus qu'on ne le pense au bonheur de ceux qui l'habitent; elle est un des liens secrets qui attachent le plus fortement l'homme à sa patrie. Vers quels objets se porte avec attendrissement le souvenir de celui qui a dû quitter son lieu natal? Ce sera vers ce coteau boisé qu'il apercevait jadis de sa fenêtre, vers ce couvert de Tilleuls, au fond du jardin paternel, et qui abrita les jeux de son enfance. « Les arbres, dit Bernardin de Saint-Pierre, dominent sur les événements de notre vie, comme ceux qui s'élèvent sur les bords de la mer et qui servent de renseignement aux pilotes. » Le même écrivain raconte qu'à l'Ile-de-France, un vieillard qui s'était expatrié et qui ne cessait de regretter son pays, lui disait: « Je serais encore assez tranquille ici, si j'y voyais seulement quelques Violettes de nos bois. » On déplore le dommage causé à notre agriculture par l'absence trop habituelle des grands propriétaires du sol : cette absence obstinée, ce

Le verglas dans la forêt de Fontainebleau.

malheureux abandon ne s'explique-t-il pas en grande partie par l'ennuyeuse monotonie de nos campagnes dépouillées? Combien de fois n'arrive-t-il pas qu'un bois défriché, un beau parc rasé et détruit, un rideau de grands arbres abattu, nous laissent consternés, révoltés, pleins d'un dégoût violent pour un endroit que nous aimions, que nous nous promettions de ne jamais quitter : nous nous sentons atteints, amoindris, mutilés dans notre personne. Lorsque le terrible verglas du mois de janvier 1879 s'attacha aux arbres de la forêt de Fontainebleau, les brisa par centaines de mille et que les habitants entendirent pendant plusieurs jours et plusieurs nuits les continuelles détonations causées par la rupture et par la chute des branches et des cimes, ils se lamentèrent de la ruine de leur forêt; c'était l'écroulement de leur joie et de leur orgueil; plusieurs se sont demandé où ils iraient chercher un asile, puisque la nature se plaisait à détruire une de ses plus belles œuvres et qu'elle les chassait du séjour privilégié qu'ils s'étaient choisi. On dit que les gens des montagnes et des contrées forestières se montrent plus rebelles, plus invincibles à l'invasion de l'étranger et au joug de la tyrannie que ceux des plaines cultivées : cela se conçoit; la vie a pour eux plus de prix, il vaut la peine de la défendre, et les fiers instincts, les sentiments puissants et naïfs des sociétés primitives sont restés plus vivaces en eux. Pourquoi voit-on sur la surface du globe tant de régions autrefois florissantes, fameuses par l'éclat de leur civilisation, changées aujourd'hui en de mornes solitudes où le voyageur ne rencontre plus que la stérilité et des ruines? C'est que les peuples qui s'y sont succédé, oublieux de la solidarité humaine, sans souci du sort de leurs descendants, les ont impitoyablement saccagées, dégradées, au point que leurs héritiers, ne recueillant que l'aridité et la laideur, ne trouvant plus aucun reste de beauté pour en repaître leurs yeux et leur imagination, les ont prises en haine et les ont abandonnées; ils ont émigré, ils se sont éteints, on ne sait ce qu'ils sont devenus; pour fuir une terre odieuse, ils se sont réfugiés dans l'exil ou dans la mort.

FIN

TABLE DES MATIÈRES

CHAPITRE V

CHAPITRE VI

CHAPITRE VII

CHAPITRE VIII

CHAPITRE IX

CHAPITRE X

CHAPITRE XI

CHAPITRE XII

CHAPITRE XIII

CHAPITRE XIV

CHAPITRE XV

4860. — Imprimerie A. Lahure, rue de Fleurus, 9, à Paris.

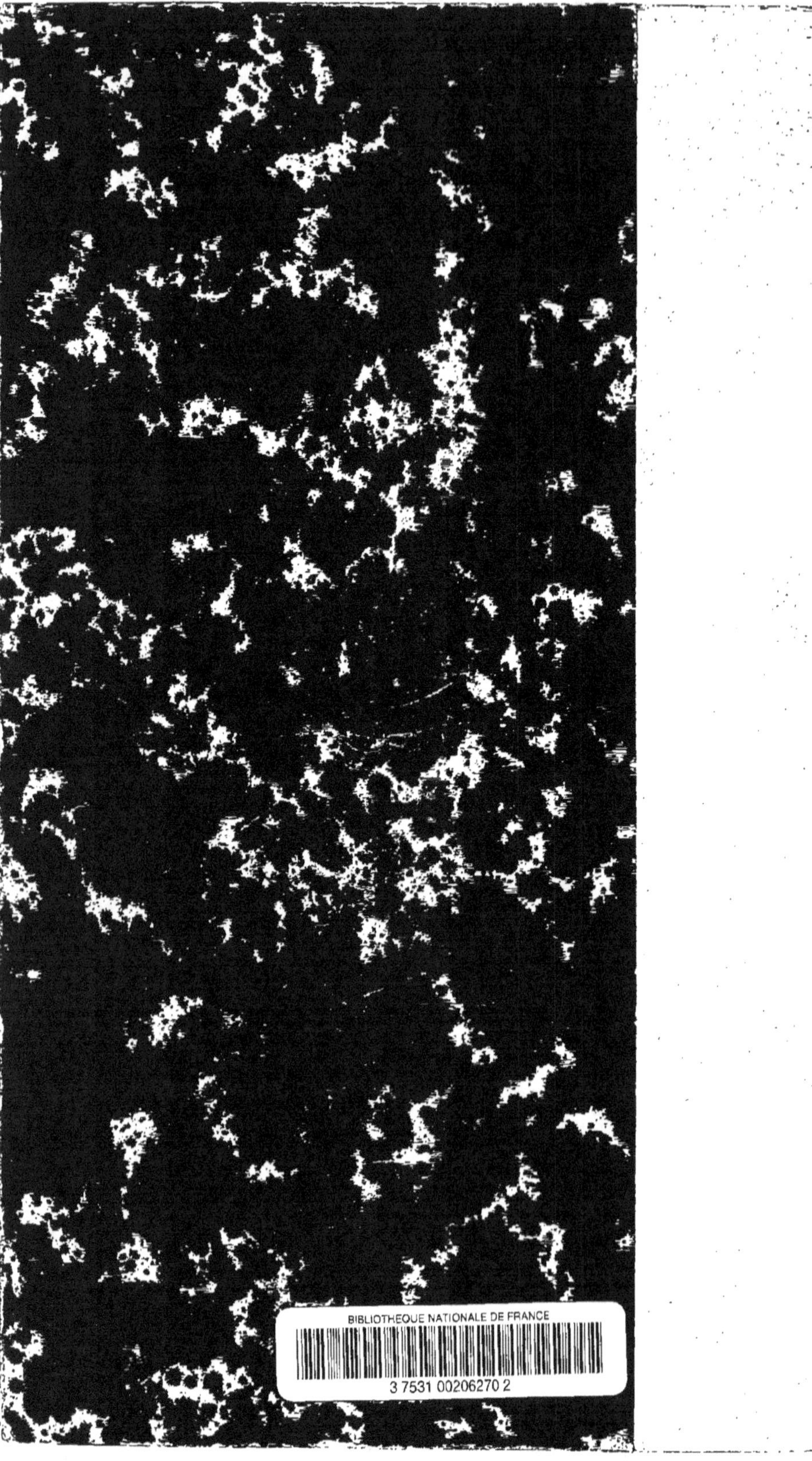
BIBLIOTHEQUE NATIONALE DE FRANCE
3 7531 00206270 2